U0567747

四川省2015年度重点图书出版规划项目

四川省科技厅软科学资助系列课题：

四川省培育壮大高端创新创业人才队伍的对策研究——基于政府视角（项目编号：2014ZR0216）

四川省创新能力空间分布特征及创新驱动产业发展战略实施路径研究（项目编号：2014ZR0002）

四川省科技资源整合模式及对策研究（项目编号：2011ZR0180）

四川省深化科技体制改革推进创新体系建设研究（项目编号：2011ZR0181）

四川优化科技资源促进创新与驱动产业发展

SICHUAN YOUHUA KEJI ZIYUAN CUJIN CHUANGXIN YU QUDONG CHANYE FAZHAN YANJIU

唐琼　杨钢◎著

西南财经大学出版社
Southwestern University of Finance & Economics Press
中国·成都

图书在版编目(CIP)数据

四川优化科技资源促进创新与驱动产业发展研究/唐琼,杨钢著.—成都:西南财经大学出版社,2015.11
ISBN 978-7-5504-2209-4

Ⅰ.①四… Ⅱ.①唐…②杨… Ⅲ.①科学技术—资源管理—关系—产业发展—研究—四川省 Ⅳ.①G322.771②F127.71

中国版本图书馆 CIP 数据核字(2015)第 251061 号

四川优化科技资源促进创新与驱动产业发展研究
唐琼 杨钢 著

责任编辑:汪涌波
助理编辑:江 石
封面设计:何东琳设计工作室
责任印制:封俊川

出版发行	西南财经大学出版社(四川省成都市光华村街 55 号)
网 址	http://www.bookcj.com
电子邮件	bookcj@foxmail.com
邮政编码	610074
电 话	028-87353785 87352368
照 排	四川胜翔数码印务设计有限公司
印 刷	四川五洲彩印有限责任公司
成品尺寸	170mm×240mm
印 张	12.25
字 数	225 千字
版 次	2015 年 11 月第 1 版
印 次	2015 年 11 月第 1 次印刷
书 号	ISBN 978-7-5504-2209-4
定 价	68.00 元

1. 版权所有,翻印必究。
2. 如有印刷、装订等差错,可向本社营销部调换。

目　录

第一章 导论

一、研究的背景及意义

创新是一个永恒的话题，人类发展史就是一部创新的进步史。从近现代发展史看，无论欧美、日本还是韩国，科技创新始终掌控着一国的经济发展命脉。当前，新一轮科技革命已强势启动，许多颠覆性技术不断涌现，特别是大数据、云计算、3D 打印、新能源、新材料、智能制造等前沿技术的重大突破对社会生产方式和生活方式带来革命性变化。技术创新呈现绿色化、低碳化、生活化、常态化和高端化，创新驱动发展如日中天。美国等西方国家已制定创新战略，企图掌握未来世界发展的主动权。党的十八大首次把科技创新摆在国家发展全局的核心位置，创新驱动发展上升为国家重要战略。

众所周知，创新发展离不开创新资源的支撑，特别是科技创新资源，然而，科技创新资源只是一种潜在的生产力，只有当科技创新资源与产业、经济和社会相结合才能转化为现实的生产力，也才能真正实现其价值。这一过程需要有良好的创新环境特别是制度环境、产业载体的承接、积极的创新创业精神。实践证明，科技创新成果能否实现其商业价值就如长尾理论描述的那样，只有为数不多的科技成果才能绽放出灿烂的光芒。站在全球视野看，除了硅谷、还是硅谷，除了中关村还是中关村。创新是怎样产生的？谷歌 CEO 埃里克·施密特（Eric Schmidt）① 认为，真正的顿悟不会来自于线性思考，而是来自于对问题的思考与想法的累积，突然之间，也许在你最没有想到的一个星期六的早晨，创新就这样诞生了。这说明了创新的涌现性和累积性。随着复杂性科技创新系统产生以及创新 2.0 的逐渐增强，创新的成功率将大大提高。

---

① 施密特. 上海比北京更可能诞生硅谷［EB/OL］. http://tech.qq.com/a/20100830/000321.htm.

我国条块分割的科研管理体制约束以及科技与经济（产业）的脱节，导致目前我国科技资源配置和利用率一直不高，主导产业关键核心技术的自主知识产权缺乏。四川作为西部经济增长极、创新极和全国重要的战略区域，在国家创新驱动发展战略和全面建设小康社会中，担纲起重要的引领示范作用。但其科技资源“两强两弱”的特殊性，区域创新能力相较提升缓慢，创新绩效不高，创新促进产业发展的能力有限。2013 年区域创新能力位居全国第 15 位，而人均 GDP 却仅居全国第 25 位，经济增长方式仍以劳动密集型和资源型为主，资源优化配置不足、创新驱动产业发展能力弱的特点十分突出。新常态下，随着资源环境约束趋紧和劳动力成本上升以及国内外竞争加剧，四川面临着做大经济总量和提高发展质量的双重任务，在追求“量”的同时提升“质”的水平，从追求覆盖面到追求高品位和追求高端产业、产业高端。要实现这个目标任务的根本举措就是要依靠科技创新，深入实施创新驱动战略。2014 年李克强总理在夏季达沃斯论坛开幕式上指出要借改革创新的“东风”，推动中国经济科学发展，在 960 万平方公里土地上掀起“大众创业”、“草根创业”的新浪潮，形成“万众创新”、“人人创业”的新态势。可见创新驱动发展经济的引擎已强势启动，四川必须抢抓这一历史性重大机遇，推动四川由要素驱动迈入创新驱动全面发展阶段，实现“两个跨越”。

科技体制改革是创新的动力和保障，科技资源整合是创新价值极大化实现和高效利用的有效形式，产业转型升级发展是创新驱动的核心内容和实现的重要载体。加快成果转化、提高区域创新能力、促进创新驱动发展是四川省政府及相关部门“十一五”以来一直的工作重点和“一号工程”。目前无论是从理论层面还是实践部门都很少系统地把这三者融合起来进行完整的研究，本书以此为思路，整合近三年主持（主笔）完成的科研成果，以四川省科技厅资助的《四川省深化科技体制改革推动区域创新体系建设研究》《四川省科技资源整合模式及对策研究》《四川省创新能力空间分布特征及创新驱动产业战略实施路径研究》三个软科学课题为主要内容，以《四川省培育壮大高端创新创业人才队伍的对策研究——基于政府视角》为补充，以科技创新价值的有效实现为主线，重点描绘和展现“十一五”以来四川在科技体制改革、资源整合以及创新驱动产业发展方面的现状、政府主要开展的工作、取得的成效以及存在的问题，以熊彼特创新理论、制度创新理论、迈克尔波特国家竞争力理论以及区域创新理论等相关理论为支撑，借鉴国内外先进区域经验，有针对性地提出今后一段时期四川在科技体制改革、资源整合以及创新驱动产业发展的路径、模式及对策建议，以期在万众创新、大众创业的新时期尽一点绵薄之力，为创新创业的志士和管理者及实践部门提供一条参考、借鉴的路径，同时也可作为大学和科研院所的科研人员深入全面了解四川创新驱动发展情况学习和借鉴。

二、本书的结构及主要内容

（一）本书的基本思路和框架

本书的研究思路和框架路线如图 1-1 所示：

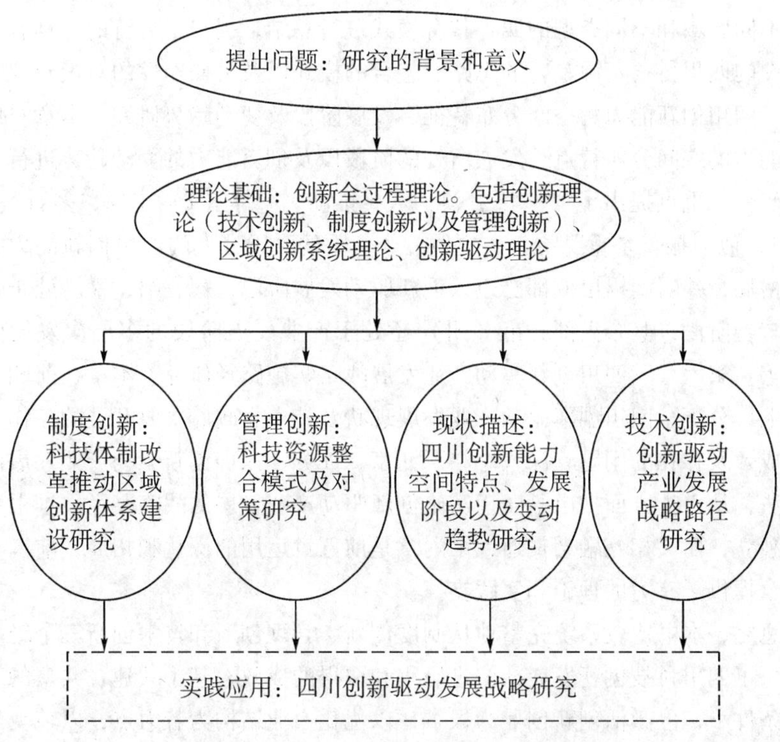

图 1-1　研究的基本思路和框架路线图

（二）本书的主要内容

本书共包括六章。第一章　导论。第二章　创新全过程——基本理论述评。本章首先阐明了科技体制改革、科技资源整合以及创新驱动产业发展的理论基础和三者的关系，并整理和探析了创新驱动概念、创新驱动产业发展的实现过程、关键点以及技术扩散与创新驱动产业的关系，为本书的研究奠定了清晰的理论支撑。第三章　四川深化科技体制改革，推进区域创新体系建设研究。本章在梳理了我国科技体制改革的时间表路线图，对四川科技体制改革从政府层面总结了“十一五”以来四川的主要做法及取得的成效和存在的问题，并从推动区域创新体系建设角度，提出了四川“十二五”中后期科技体制改革指导思想、原则、目标和主要任务以及保障措施。第四章　四川科技资源整合模式研究。本章在对科技资源整合的相关理论文献进行综述评价后，对四川科技资源的现状及特点进行描述，梳理了四川省科技部门对四川科技资源整合采取的主要做法、取得的成效及存在的问题，并重点从军地、行业以及区域三个方面评价了四川科技资源配置的效率，然后根据四川科技资源的特点重点选择了不同区域和不同类型的四种整合模式进行总结，提出了可行的、具有一定超前性的四川科技资源整合的思路、整合的模式以及可操作性的对策建议。第五章　四川创新能力的空间分布特征、发展阶段及变动趋势研究。本章对四川创新能力的空间分布特点、发展所处的阶段以及创新能力的变动趋势进行了系统的研究，重点提出了“一核引领、两翼推动，一体（T）支撑，多石（市）掣肘”，似“振臂举重”之士，更似一个负重的飞天之人的四川创新能力空间分布格局，并明确提出成都已迈入创新驱动发展阶段，德、绵、攀已处于创新驱动转型阶段，其余大部分市（州）还处于产业发展阶段的多层次发展阶段格局等。第六章　四川创新驱动产业发展战略实施路径研究。本章在前四章的基础上，分析了四川创新驱动产业发展现状及特点、政府主要开展的工作和取得的成效及存在的问题，深入总结了北京、江苏、深圳创新驱动产业发展的主要做法，从六个方面提出了四川实施创新驱动产业发展的战略路径。本书各章相互独立，而又相互融会贯通，第六章是前五章运用的深化和拓展，前五章为第六章提供了有力的理论和实践支撑。

总之，本书比较系统完整地从制度创新、管理创新和技术创新三个维度深入分析了四川科技创新发展的演进历程和取得的成效，基于共建、共享的利益机制条件下，以激活创新创业为根本，以优化产业结构为着力点，以转变经济增长方式为目的，对军工、政府、央地、院所以及区域等一系列体制机制障碍进行了全面阐述，并提出了新的思路及观点，使其相互独立的三个不同层面通过科技资源的优化配置，实现四川创新能力的提升和产业转型升级发展。

三、本书的特点

本书从研究的内容讲，是一本着力展示激活四川创新资源潜能，提高区域创新能力，转型升级产业发展演进史，更是一部促进创新驱动发展的指南书。本书紧跟时代发展的需要，具有很强的针对性、实用性、操作性和一定的超前性。

本书从研究的结构来讲，既体现了科技体制改革、资源整合与创新驱动产业发展3个方面各自的相对独立性，而又相互作用，相互影响，共同服务于创新发展。

本书从研究的方法来讲，是一本既注重把理论应用于实践，又注重把实践上升为理论；既注重文字的专业性和逻辑推理，更强调数据支撑和图文的展示，体现了研究内容的学术性和简明性。

四、本书的创新之处与存在的不足

（一）创新之处

1. 结构的创新

本书比较系统完整地从制度创新、管理创新和技术创新三个维度深入分析了四川的发展演进历程和取得的成效，使其相互独立的三个不同层面通过科技资源的优化配置，从而实现四川创新能力的提升和产业转型升级的发展。

2. 观点的创新

本书主张创新全过程与全面性，以创新民主化、生活化、绿色化为主线，提出并构建了市（州）级全过程创新能力评价指标体系；同时基于创新扩散的特点提出了四川创新成果扩散菱形空间结构；基于科技资源在各部门分散的特点，提出构建四川省科技项目及资金统筹协调领导小组；鉴于军民融合难，提出从中央层面等建立公开、透明的军民两用技术双向转化清单制等。

3. 方法的创新

本书注重自身研究与前人研究成果的对接和分析，通过比较，找出存在不同的原因，为四川进一步优化科技资源，推动创新驱动产业发展提供更切实可行的路径。

（二）不足之处

1. 个别内容上有重复

本书是从体制机制、科技资源整合管理、技术创新转化三个视角来设计的，并且为保证每个部分研究的相对完整性、独立性，在个别内容上难免有些许重复。

2. 研究深度有待进一步加强

本书涉及的内容十分广泛，由于时间和个人水平有限，实地调研仍显不足，对一些问题分析不透，可能在提出的对策建议上深度仍嫌不够。

3. 文献研究不够

因为研究时间所限，主要是注重应用，在文献研究方面还不够深入和系统。

第二章　创新全过程：基本理论述评

一、创新理论的演进及述评

（一）熊彼特的创新理论演进及述评

1. 创新的内涵

熊彼特（1912）在其《经济发展理论》一书中首先提出“创新理论”，轰动当时西方经济学界，并享誉至今。所谓创新，熊彼特认为：“是指把一种从来没有过的关于生产要素的‘新组合’引入生产体系。”这种新组合包括引进新产品、引进新技术、开辟新的市场、提供一种新的材料以及新的产业组织形式，等等。熊彼特的创新概念比较宽泛，虽然他没有明确地将创新划分为技术创新、制度创新甚至管理创新，但是在他关于创新的定义中已包含了这层意思，因为熊彼特创新理论在着重阐述技术创新的同时，也提出了“实现工业的新组织”这一制度创新内容。同时，熊彼特的创新也包含了管理学的思想，“新组合”就是一种管理的手段。更值得一提的是熊彼特首先将发明创造与技术创新区别开来，明确指出前者是知识的创造，即科技行为，后者是经济行为。他认为发明创造只是一种新概念、新设想，或者至多表现为实验品，而技术创新则是把发明或其他科技成果引入生产体系。这种科技成果产业化和商业化的过程才是技术创新，即只有当技术发明被应用到经济活动中才成为创新。这为创新驱动产业发展奠定了理论基础，可以说创新就是优化科技资源和推动产业转型升级发展的内在表现形式。

2. 熊彼特创新理论的基本观点①

熊彼特的创新理论主要包括六个方面的观点。①创新是生产过程内生的；

---

① 熊彼特创新理论［EB/OL］. 好搜百科，http://baike.haosou.com/doc/5969930-6182887.html.

②创新是一种“革命性”变化；③创新同时意味着毁灭；④创新必须能够创造出新的价值（发明与创新的根本区别）；⑤创新是经济发展的本质规定，区别于经济增长；⑥创新的主体是“企业家”。

3. 创新理论的演进

20世纪70年代以来，门施、弗里曼、克拉克等用现代统计方法验证了熊彼特的观点，并进一步发展创新理论，被称为“新熊彼特主义”和“泛熊彼特主义”。进入21世纪，在信息技术推动下知识社会的形成及对创新的影响认识进一步加深，创新被认为是各创新主体、创新要素交互作用下的一种复杂涌现现象，是创新生态系统下技术进步与应用创新的创新双螺旋结构共同演进的产物，关注价值实现，并注重用户参与的以人为本的创新2.0模式成为21世纪对创新重新认识的探索和实践①。创新由熊彼特时代主要注重企业在创新中的主体作用到如今创新主体的多元化，特别是领先型用户也进入创新的系统，构建起供给与需求互动双螺旋创新模型，即创新2.0。

从整体来讲熊彼特的创新思想是正确的，具有很强的哲理性，更是在这个知识创新的时代大放光彩。随着时代的发展，他的基本理论也不断得到丰富和发展。正如其所言：创新意味着毁灭一样，没有永恒的事物，皆是在扬弃的过程中不断深化。

（二）制度创新理论演进及述评

美国经济学家L. 戴维斯和D. 诺斯继承了熊彼特的创新理论，不仅完整表述了制度创新概念，还研究了制度变革的原因和过程，提出制度创新模型，从而补充和发展了熊彼特的制度创新学说。

1. 制度创新的内涵

道格拉斯·诺斯（D. North）、兰斯·戴维斯（Lance E. Davis）在其《制度变革和美国经济增长》（1971）一书中认为②，制度创新是指能够使创新者获得追加或额外利益而对现存制度（指具体的政治经济制度，如金融组织、银行制度、公司制度、税收制度、教育制度等）进行的变革。

2. 制度创新理论的主要观点

诺斯与戴维斯关于制度创新理论具有相似的观点。他们认为：一是制度创新及其与技术革新的相似性，不同之处在于制度创新的时间不取决于物质资本

---

① 熊彼特创新理论［EB/OL］. 互动百科，http//www.baike.com，2015-09-23.

② 制度创新理论［EB/OL］. 搜狗百科，http://baike.sogou.com/v85492118.htm，2015-09-15.

寿命的长短，而技术创新的时间则依赖物质资本寿命的长短。二是促进制度创新的主要因素包括市场规模的变化、生产技术的发展，以及由此引起的一定社会集团或个人对自己收入预期的变化。三是制度创新全过程包括“潜在利益团体”的形成；提出制度创新方案；选择最佳方案；“推动制度创新团体”的形成（可能是政府机构，也可能是为“潜在利益团体”服务的个人或组织）；两个行为团体相互支持，共同努力，实现“制度创新”任务①。四是制度创新包括个人、团体以及政府三个层级，不同层级的创新活动特点不同，个人的制度创新活动并不需要支付组织成本，也不需要支付强制成本；团体创新活动需要支付组织成本，但没有强制成本；政府的创新活动则既要支付组织成本，也要支付强制成本。五是制度创新分为诱致性制度变迁和强制性制度变迁两种。诱致性制度变迁指的是现行制度安排的变更或替代，或者是新制度安排的创造，它由个人或一群人，在响应获利机会时自发倡导、组织和实行；强制性制度变迁由政府命令和法律引入和实行。

3. 制度创新理论发展②

制度创新理论沿着需求与供给两条主线不断完善与发展，形成了一个对历史和现实具有一定解释力的分析框架，但是在建立制度创新的实施模型方面的努力却十分不够。同时，许多学者假设现行制度无法获致潜在利益，并且只要改变现行制度的收益大于成本，就会发生制度创新。却忽视了从开始变革到变革见效并最终得到补偿之间的时间因素，它会影响人们对变革的支持态度，是要付出代价的，这种代价或成本，可称为“变革的绝对成本”。制度创新理论中纳入对变革的绝对成本的研究，也是其理论创新的必然。

从制度创新的过程可见制度创新是要付出代价的，制度变迁（创新）的成本与收益之比对于促进或推迟制度变迁起着关键作用，只有在预期收益大于预期成本（包括变革之初至变革见效的时间成本）的情形下，行为主体才会去推动直至最终实现制度的变迁，反之亦反。这就是为什么现行许多政策特别是激励大学、科研院所创新成果转化的政策大部分成一纸空文，其主要原因就是没有全面的分析政策执行的交易成本和可行性。我国当前科技体制改革的主要目标是在制度安排上构建起适应市场经济要求，激励科研人员创新的自觉性和主动性，提高科技成果的转化效率而进行的以职务发明人科研成果“三权

① 兰斯·戴维斯，道格拉斯·诺斯. 制度变迁的理论：概念和原因［M］. 上海：三联书店，1994.

② 制度创新理论的发展［EB/OL］. 智库百科，http://wiki.mbalib.com/wiki/%E5%88%B6%E5%BA%A6%E5%88%9B%E6%96%B0%E7%9A%84%E7%90%86%E8%AE%BA.

改革”（使用权、处置权和收益权）为核心的科技制度创新，着力建立科研成果“三权”清晰，权责分明、政科分开、管理科学的现代科研院所制度。从制度创新层级看，涉及三个制度层级的耦合，包括职务发明个体（团体）、科研院所组织以及政府三个利益主体的博弈和共同合作，因此制度改革十分困难。

（三）管理创新理论述评

从20世纪60年代起，管理学家们开始将创新引入管理领域。美国管理学家德鲁克是较早重视创新的学者。他发展了熊彼特的创新理论，把创新定义为赋予资源以新的创造财富能力的行为。德鲁克认为，创新有两种：一种是技术创新，它在自然界中为某种自然物找到新的应用，并赋予新的经济价值；一种是社会创新，它在经济与社会中创造一种新的管理机构、管理方式或管理手段，从而在资源配置中取得更大的经济价值与社会价值。显然德鲁克的管理创新（社会创新）内含制度创新。我国学者孙艳等（1991）① 认为：“管理创新是一种创造新的资源整合范式的动态性活动，通过这一活动可以形成有效的科学管理，它同技术一起构成区域创新中不可缺少的投资组合。管理是一种‘知识的知识’，具有‘整合’和‘优化’生产要素（包括技术），也即管理对技术有着一定的驾驭性。”科技资源优化和整合实质是对科技资源的进一步有效管理。

（四）技术、制度以及管理创新三者间的相互关系

1. 技术创新与制度创新的关系

技术创新是基于技术推广和扩散，制度创新是基于产权制度和交易成本费的出现。关于经济增长是技术决定论还是制度决定论在理论界一直争论不休。正如戴维斯和诺斯所说：“用于解释技术变迁的理论也可以用于分析制度安排的变迁。一项制度安排毕竟仅仅是使资源以某一特定的方式进行组合的一系列安排中的一种，从这一意义上来说，它们不过是技术流程的另一种形式（尽管或许是一种更为一般的形式）。”② 可见制度创新是沿袭熊彼特创新思想的一个分支。

---

① 孙艳，陶学禹. 管理创新与技术创新、制度创新的关系［J］石家庄经济学院学报，1999（1）：32-34.

② 戴维斯，诺斯. 制度创新的理论：描述、类推与说明［M］//R. 科斯，等. 财产权利与制度变迁. 上海：上海三联书店，1991.

2. 管理创新与技术创新的关系

管理创新能使科技创新区域内的权力机构、决策机构、执行机构形成所有者、经营者及生产者之间明确相互激励和相互制衡的关系，形成科学的管理体制和决策程序，从而确立技术创新的决策与激励机制，为技术创新从独立于企业外的研究机构、实验室中进行逐渐变为在企业内进行。技术创新是管理创新的一个途径，它直接或间接地给管理创新带来新的课题，推动管理创新的展开和管理能力的提升。特别是价值工程、互联网技术、云技术以及博弈论的运用。

3. 管理创新与制度创新的关系

管理创新是与技术创新、制度创新既有一定联系又有很大区别的独立的创新分支，技术创新、制度创新的过程都是需要加强管理并创新的过程。而管理创新的实现途径与内在机制的形成又离不开技术创新、制度创新。

区域创新体系中只有以技术创新为基本手段、制度创新为动力、管理创新为保障，三种创新有机结合，同步发展才能取得成功。就目前而言，我国和各地区应加强科技领域的管理创新和制度创新的理论与实践研究，从而更快更好地促进区域生产系统效率提高（见图 2-1）。

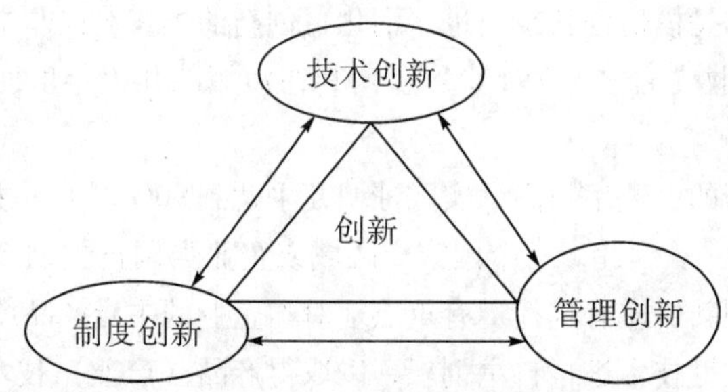

图 2-1　创新及其演化分支间的相互关系

（五）创新的分类及相关重要概念

创新是一个复杂的过程，不同视角对创新的理解和分类各不相同。综合以往以学者研究和作者的研究理解，我们从以下几个维度进行分类：按照创新的强度分为突破性创新和渐进性创新；按照创新的对象分为产品创新和过程创新；按照创新的开放程度分为开放式创新和封闭式创新；按照创新的知识产权归属分为自主创新和他人创新；按照创新的主体构成分为独立创新和合作（协同）创新。按照创新所处范畴分为制度创新、技术创新和管理创新（商业模式创新）。在当今分工全球化、产品碎片化和专利丛林化以及法制越来越健全的知识经济时代背景下，更好地认识和理解创新分类中出现的一些概念，如自主创新、模仿创新等，有助于深入了解创新的内涵，更好的实施创新驱动发展战略。

1. 自主创新

自主创新是我国以及后发国家在追赶发达国家中提出的相对概念。所谓自主创新（Self-Innovation），从结构上分析看，自主是创新的主体约束成分即创新成果的主体是自我，而不是他人，是自己可以控制的，其本质就是对某项创新成果（发明专利或技术标准）掌握着主动权、控制权，具有一定的排他性和垄断性，是与“他创”相对应的。当然自主创新并不等同于自我创新，自我创新是封闭的，自主创新是开放的。根据自主创新的可控度和深度，自主创新可分为原始创新、集成创新和引进消化吸收再创新三种模式①。原始创新是创新的最高层次，需要大量的资金、人才和技术基础，引进吸收再创新，处于创新的最低层次或模仿创新阶段，创新的外在条件要求较低。

实践中，企业、产业、区域以及国家在创新中根据自身的资金、人才、基础设施以及发展的战略定位等条件选择不同的创新模式。如：美国由于资金雄厚主要采取的是原始创新的模式；而日本在经历二战后，资金和人才均十分缺乏，主要采取的是模仿创新或引进、消化再创新的模式，但非常注重消化吸收（引进支出与吸收支出之比为1∶3），使其在短短的几十年里便进入世界经济强国之列。

当然，创新的失败率很高，实践证明几乎达到90%以上，主要的原因是消费者的心理偏见②。因此，一个国家、区域或企业强调自主创新，并不是各方面都进行自主创新，应有选择、有重点地对本企业的主导产品或区域主导产业的核心技术、关键技术进行自主创新，以取得产品（产业）技术的控制权。

---

① 所谓原始创新，就是指重大科学发现、技术发明、原理性主导技术等原始性创新活动。其特点是自主研究设计、自成体系，有利于开拓新兴产业和市场，缺点是投资大、风险大、时间长。原始创新成果通常具备三大特征：一是首创性，前所未有、与众不同；二是突破性，在原理、技术、方法等某个或多个方面实现重大变革；三是带动性，在对科技自身发展产生重大牵引作用的同时，对经济结构和产业形态带来重大变革，在微观层面上将引发企业竞争态势的变化，在宏观层面上则有可能导致社会财富的重新分配、竞争格局的重新形成。集成创新是利用已有的科技资源（包括自创技术和他创技术）创造性集成起来再创新一个或多个新的科学和技术或新的产品和产业，属创新的中间层次。引进消化吸收再创新的特点是在引进国外技术的基础上经过研究、消化、吸收，再创造出新的技术和产品，优点是投资小、风险小、见效快.

② 白立新. 新产品为什么屡屡失败？［EB/OL］. Gourville http://club.hbrchina.com/blogA rticle-blogId-1418-userId-135320.htm.

2. 模仿创新

很多企业的发展都是从模仿其他企业的技术开始的。全球有名的华为公司最初也是模仿开源的操作系统发展起来的，模仿创新能节约大量研发成本和市场培育费用，并能回避市场成长初期的不稳定性，降低了投资及市场风险。模仿主要分两类：一类是通过购入版权模仿使用，一类是偷偷地使用。许多小企业都采取的是后一种方式。随着我国企业知识产权保护意识的不断增强，国外专利壁垒和专利丛林陷阱布局加剧，模仿的成本和风险将越来越高，采取引进、购买技术（专利）进行模仿吸收将是未来模仿创新的主要形式，这不仅是保护自身利益的需要，更是对创新者劳动成果的尊重和分享合作精神的体现。

二、区域创新系统相关理论及述评

（一）区域创新体系的概念

库克（Cooke）[①] 和弗里曼（Freeman）[②] 在国家创新系统（NIS）的研究基础上，对区域创新系统（RIS）进行全面的理论研究与实证分析，认为区域创新系统是一种区域创新性组织体系，而该体系中的创新主体是由在地理上相互分工、相互联系的生产性企业、高等院校和科研机构等构成的，通过这些创新主体间的分工协调在区域内产生创新活动。魏格（Wiig）[③] 作为较早研究区域创新系统的学者之一，通过区域创新系统的概念解释，较全面地概括了区域创新系统中的五大主体机构分别是：区域内的创新型企业和由创新型企业构成的产业集群；以知识创造和人力资本形成为主的高等教育机构；以知识创造和技术创新为主的研究机构；以政策创新和体制机制创新为主的政府机构；提供金融、商业、信息咨询等创新服务的中介机构。可见区域创新系统是基于产业为中心的的企业、大学、研究机构以及中间机构之间的相互作用和相互影响的各种创新活动。产业发展是区域创新系统发展的关键。

---

① Cooke P.，Uranga M G，Xtxebarria G Regional Innovation Systen：Institutional and Organizational Dimensions [J]. Research Policy，1997（26）：475-491.

② Freeman C.，The E conomies of Industry Innovaiton [M]. The MIT Prees，1982：35-98.

③ Wijg H.，The Wood M.，"What Comprises s Regional Ivnnovation System?"，An Empircal Study [C]. Regional Association Conference，1995.

（二）科技创新体系的内涵

科技创新体系是一个动态的定义。金琼（2001）① 认为科技创新体系是一个有机的系统，它是一国或区域的产业界、科技界、政府在发展科学和技术的相互联系和交往中形成的网络结构，其中企业、大学、科研机构、中介机构和政府部门是其主要组成部门。科技创新体系的高效运作是一个跨行业、跨领域的复杂过程，其机能的发挥需要各子系统的协调作用。它包括了知识创造、技术创新以及产业化三个主要过程。宋刚（2008）② 基于复杂开放系统理论，指出在知识社会环境下科技创新体系由以科学研究为先导的知识创新、以标准化为轴心的技术创新和以信息化为载体的现代科技引领的管理创新构成的科技创新体系。三个体系相互渗透，互为支撑，互为动力，推动着科学研究、技术研发、管理与制度创新的新形态，共同塑造了面向知识社会的创新 2.0 形态。在这种科技创新体系下，将以用户创新、大众创新、开放创新、共同（协同）创新为特点，强化用户参与、以人为本的创新民主化，着力促进技术进步和应用创新的双螺旋驱动发展。本书认同此观点，它反映了创新的复杂性、涌现性以及不可还原性等特点。可见科技创新体系属于区域创新体系的一部分。

目前科技创新体系更多地注重技术进步，对面向用户的应用创新较少给予关注。当前科技成果的转化率低、实用性和推广性差等弊病都与此相关，技术发展与用户需求对接出现了问题，将造成技术进步与实际应用之间的脱节。制度设计对于技术发展、产品转化十分重要。不过互联网的发展，创客空间以及众创空间已快速在全国发展，特别是创新 2.0 模式的出现将推动我国的科技创新体系更加完善、合理和民主化。

科技创新体系主要由创新主体、创新基础设施、创新资源、创新环境、外界互动等要素组成。目前，我国基本形成了政府、企业、科研院所及高校、技术创新支撑服务体系四角相倚的创新体系。而不同创新主体间构建了不同的科技创新体系，主要包括以企业为主体的技术创新体系，高等教育、科学研究研发创新体系，军民融合创新体系，院地结合创新体系以及具有特色的各种区域创新体系等社会化、网络化的科技中介服务体系。

---

① 金琼. 我国科技创新体系发展论［J］. 上海经济，2001（5/6）：9.

② 宋刚. 钱学森开放复杂巨系统理论视角下的科技创新体系——以城市管理科技创新体系构建为例［J］. 科学学研究，2009（6）.

（三）协同创新理论

1. 协同（合作）创新[①]的内涵

"协同创新"是指创新资源和要素有效汇聚，通过突破创新主体间的壁垒，充分释放彼此间"人才、资本、信息、技术"等创新要素活力而实现深度合作。协同创新是一项复杂的创新组织方式，其关键是形成以大学企业研究机构为核心要素，以政府金融机构中介组织创新平台非营利性组织等为辅助要素的多元主体协同互动的网络创新模式，通过知识创新主体和技术创新主体间的深入合作和资源整合，产生系统叠加的非线性效用。协同创新是通过国家（机构）意志的引导和制度安排，促进企业与大学研究机构发挥各自的能力优势整合互补性资源，实现各方的优势互补，加速技术推广应用和产业化。协作开展产业技术创新和科技成果产业化活动，是当今科技创新的新范式。四川是军工和央企科技资源集聚核心区，而且各市（州）创新资源落差大，协同创新是推动其创新驱动产业发展的重要战略路径。

2. 协同创新的理论基础

协同创新理论思想源于协同学与演化经济学在创新系统中的运用。协同学是由美国哈肯于1969年首次提出，是研究协同系统从无序到有序的演化规律的新兴综合性学科，强调系统能以自组织方式形成宏观的空间、时间或功能有序结构的开放系统。演化经济学着力强调市场经济中各主体在决策中的协调，其不同于新古典经济学的"一般均衡性"以及传统马克思的"无政府状态"[②]。

3. 协同创新的演进

协同创新是胡锦涛总书记（2011）在清华大学百年校庆会议上提出的。目前世界范围内已经进入一个复杂科技创新的时代，其复杂性表现于科技创新成果往往并非建立在单一成果之上，而是综合集成众多研究成果。在这一大趋势之下，如何实现跨部门、跨单位、跨主体之间的合作是中国科技创新发展的关键所在。协同创新理论的提出对我国的经济社会的发展具有重要的理论与现实意义。国家教育部"2011计划"根据重大需求将协同创新分为面向科学前沿、面向文化传承创新、面向行业产业和面向区域发展四种类型。综观国内外协同创新经验，较为成功的有美国硅谷"产、学、研"的联合创新网络，北卡罗来纳州三角科技园、日韩的技术研究组合和"官、产、学、研"结合，

---

① 协同创新. 好搜百科［EB/OL］. http://baike.haosou.com/doc/5538327-5755468.html.

② 杰弗里·M. 霍奇逊. 演化与制度：论演化经济学和经济学的演化［M］. 任荣华，张林，洪福海，等，译. 北京：中国人民大学出版社，2007.

芬兰、爱尔兰、瑞典等国协同创新网络联盟等。如我国北京的“中关村协同创新计划”，以产业链为基础，打造高新技术产业集群的企业标准联盟、技术联盟和产业联盟，引导和支持各类主体的协同创新活动，呈现出政府引导调控下外部需求驱动、参与各方内在利益驱动的两大运作模式。而当下，在万众创新、大众创业的新环境下，基于互联网的“众创空间”成为重要的协同创新创业网络空间、工作空间、社交空间、资源共享空间，使协同创新呈现网络化、虚拟化、无形化、跨界化，以无形之势穿越一切有形的时空障碍。

三、创新驱动相关理论述评

（一）创新驱动的内涵

“创新驱动”概念最早是由迈克尔·波特（Michael E.Porter，1990）提出的，他在《国家竞争优势》一书中，将国家竞争力发展分为要素驱动、投资驱动、创新驱动和财富驱动四个阶段，他认为①：“创新驱动阶段把高科技和知识作为最重要的资源，通过市场化、网络化实现科技与经济的一体化，形成产业聚集，从而推动经济发展。”此处使用的创新驱动概念是把创新作为推动经济增长的主动力。国内学者近几年开始探究我国转型动力问题，其中洪银兴(2011)② 对创新驱动概念理解较有代表性，认为创新驱动就是利用知识、技术、企业组织制度和商业模式等创新要素对现有的资本、劳动力、物质资源等有形要素进行新组合，以创新的知识和技术改造物质资本、提高劳动者素质和科学管理水平。根据创新发展理论和当前我国经济社会发展的现状，本书认为，所谓创新驱动发展，简单地说就是创新成为经济社会发展的重要驱动力，经济（产业）发展是建立在知识创造、利用和扩散的基础上的，各种新产品、新工艺、新方法、新思想等纷纷涌现，进入大众视野，进入人们的生产生活中，且创新驱动经济发展过程中知识的扩散和利用与知识创造同等重要，甚至更加重要。创新已成为一种常态，成为经济增长方式转变和产业转型升级的核心要素。

---

① 迈克尔·波特. 国家竞争优势［M］. 李明轩，邱如美，译. 北京：华夏出版社，2002.

② 洪银兴. 关于创新驱动和创新型经济的几个重要概念［J］. 群众，2011（8）.

（二）创新驱动产业的实现过程

根据熊彼特的技术创新过程理论，显然技术创新包括新设想产生、研究、开发、商业化生产到扩散等一系列活动，同时也是科技与经济一体化的过程。我们认为：从微观的角度，创新驱动产业过程就是创新主体对创新项目预期评估后进入创新的研发投入决策，再把创新成果转化和孵化形成产品，通过市场商品化最终进入大众生活视野，实现其创新价值。从创新纵向链来看主要包括研发设计（专利、诀窍、创意等）→成果孵化转化（产品化）→商业化（品牌和服务）三个阶段，形成一条纵向的创新驱动产业价值链微笑曲线图（见图 2-2）。由于产品的复杂化和分工碎片化，每个环节又形成众多的细分价值链节点，最终形成网状立体的价值链。显然创新驱动是一个系统工程。

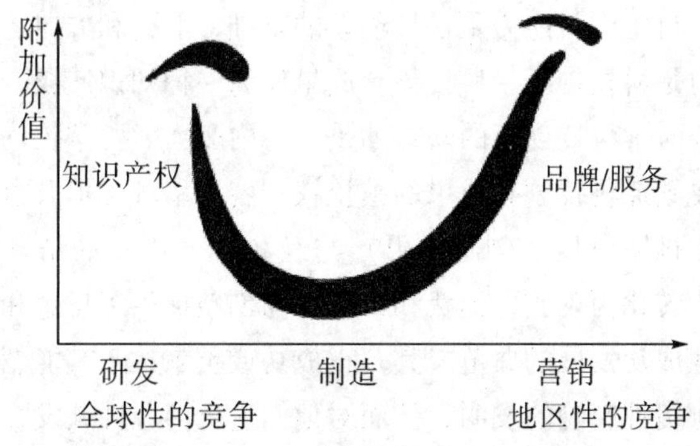

图 2-2　创新驱动产业价值链微笑曲线图

在创新驱动的不同阶段，创新驱动的重点、创新的主体、投入来源和创新的主要类型不同，特点鲜明。张银银等（2013）[①] 认为，微笑曲线前端驱动阶段是知识的创造和积累，面对收益未知、风险高的科技创新探索，政府、跨国性大企业以及研发机构大规模投入是主力，该阶段主要是构建知识创新体系，抢占未来科技发展的制高点；微笑曲线底端驱动阶段重点在科技成果转化，需要不同创新主体的协同合作，以及各种转化媒介的介入搭桥；后端驱动阶段直接面向市场，企业和产业集群发挥重要作用，创新的形式更加多样化。前端驱动阶段对国家的基础科研投入和实力提出较高的要求，底端驱动阶段需要创新要素在各种媒介的作用下有效衔接，后端驱动阶段对市场发育程度有较高要求。在创新驱动产业的整个过程中，驱动创新的体制机制和社会环境是强有力

---

① 张银银，邓玲. 创新驱动传统产业向战略性新兴产业转型升级：机理与路径 [J]. 经济体制改革，2013（5）：98.

的保障。在互联网时代的今天，三个驱动阶段同步性越来越强，间隔的时间越来越短，在知识、信息、媒介流通顺畅和市场发育完备的发达国家，一项新技术的发明很快就可能被风险投资家发现并投入生产与投放市场。并且，在创新资源分布不均的前提下，三个不同的阶段要素相互影响相互作用，形成复杂多样的创新生态系统。

（三）创新驱动战略实施的关键

熊彼特创新理论又称为毁灭性创新理论，因此创新驱动发展具有阶段性和周期性，根据创新及创新驱动产业发展的实现过程来看，一个区域要实施创新驱动产业战略，必须把握三个关键环节：

一是要强调自主创新能力的培育和提升。实践证明，关键技术和核心技术是购买不到的。自主创新能力是科技创新的基础、前提和方向。创新驱动发展的主要核心动力是科技创新，科技创新成果作为一种知识产权，只有当知识产权可以自己掌控时，科技创新的动力才是一种内驱力。要掌控创新驱动发展的动力方向，就要紧抓科技创新成果的掌控权，着力培育和提升自主创新能力。

二是要努力推动科技（创新成果）与经济（产业）的结合。创新要有市场有消费者才能转化为现实，消费和市场又为创新提供了思想和点子。硅谷作为创新驱动产业成功发展的典范，其真正成功或贡献在于其能慧眼识别那些可能对社会产生颠覆性影响的发明，从而对他们进行商业性开发，然后迅速地创造财富。较之于科技发明，硅谷更善于科技的培育（使之企业化）①。实现创新驱动发展，既要从经济（产业）社会发展需求中找准科技创新主攻方向，又要把科技成果迅速转化为现实的生产力或产品。科技成果只有完成工程化并面向市场实现产业化、商品化，才能真正转化为强大的现实生产力和需求，实现创新驱动发展。之所以要围绕产业链来部署创新链，就是因为产业为创新找到了进入市场的快速通道和入口，拉近了创新与市场的距离，使创新从神坛走向了大众的视野、贴近了百姓的生活，才能真正建立起按市场需求为导向的技术决策机制。

三是要明确创新驱动发展的目标。创新是永无止境的，创新驱动发展是有目标性和阶段性的，只有明确了目标才能选择实现目标的路径。科技创新的根本作用是促进经济社会发展，终极目标是增进人类社会的福祉。四川创新驱动

---

① 阿伦·拉奥，皮埃罗·斯加鲁菲. 硅谷百年史［M］. 闫景立，侯爱华，译. 北京：人民邮电出版社，2014：4.

产业发展当前及今后一段时间，既要强调科技创新促进产业转型升级，各市（州）区域之间产业的协同发展，也要强化生态环境不断优化，到2025年四川省基本全面实现小康社会的发展目标。

（四）技术创新成果扩散理论

创新驱动产业的深度和广度是受技术扩散影响的，技术扩散是促进产业升级、经济增长和优化资源配置的重要手段，许多研究者对此进行了深入研究。舒尔茨（1990）认为“没有扩散，创新便不可能有经济影响”，同样没有扩散，创新便不会影响产业发展，而技术在产业中的扩散渠道及影响因素至关重要。

1. 技术在产业内扩散的途径

技术在产业中的扩散是多渠道和多途径的。大部分学者认为，直接投资和贸易是技术扩散的重要渠道。英国学者坎特韦尔（John A. Cantwell）和托兰惕诺（Paz Estrella Tolentino）在20世纪90年代初期共同提出直接投资技术创新产业升级理论①，指出发展中国家和地区是以技术积累为内在动力，以地域扩展为基础的。随着技术积累固有的能量的扩展，对外直接投资逐步从资源依赖型向技术依赖型发展，而且对外投资的产业也逐步升级，其构成与地区分布的变化密切相关。近年来，学者对企业间和区域间（复杂网络系统或小世界）技术扩散有所研究，但仍处于初期研究。库克（Kokko，1994）等归纳指出直接投资过程中技术外溢的主要途径是：示范——模仿效应，指东道国企业通过对外资企业的新技术、新产品、生产流程的模仿和学习而提高自身的技术水平。竞争效应：即外资企业的进入加剧国内市场的竞争程度，迫使本国企业通过加大研发投入、加速生产技术、生产设备的更新升级。培训效应：指外资企业对当地员工，尤其是管理人才、研发人才的培训投入提升了当地人力资本的存量。显然，这三种途径在对企业以及区域间的技术扩散都是很有效的。

2. 影响技术在产业中扩散的主要因素

国内外学者对于技术扩散的影响因素研究较多，武春友（1997）② 对影响技术扩散的主要因素作了较全面的总结，结合学者们的研究，本研究认为技术在产业中的扩散主要受以下因素影响：①技术及其技术体系本身对扩散的影响。一项技术扩散速度和被采纳程度主要受制于技术本身的属性，同时，任一

---

① 技术创新产业升级理论［EB/OL］. 搜狗百科，http://baike.sogou.com/v75894367.htm.

② 武春友，戴大双，苏敬勤. 技术创新扩散［M］. 北京：化学工业出版社，1997.

项技术都不是孤立存在的，一项技术总是与其产业链中其他技术相互依赖、相互协调而构成产业（产品）技术体系。如果一项新的技术不能与现有的相互关联的互补性技术相互依赖，则扩散就很难，不过技术的涌现性，使该约束的重要性有所减弱。②法律制度以及经济体制对技术扩散的影响。如果一项技术是受禁止的，如目前的克隆技术，则很难推广。③市场信息是技术扩散的重要条件。政府可以通过直接支持和间接支持企业采用技术创新，同时在法规方面，通过制定系列法律规范，来调节扩散过程中的各个环境、理顺扩散渠道。④企业内部条件对技术扩散的影响。扩散源企业能否将技术转让出去、潜在采用企业是否采用该技术等都影响着技术的扩散。⑤政策环境对技术扩散的影响（激励和约束机制）。尽管距离对技术扩散有一定的影响，但是随着信息技术以及互联网发展，距离已不是影响扩散的主要因素。

3. 创新扩散的基本规律①

1992 年，美国埃弗雷特 · 罗杰斯（Everett M. Rogers）在其《创新扩散》一书中，总结出创新事物在一个社会系统中扩散的基本规律，提出了著名的创新扩散 S—曲线理论。即创新的扩散总是一开始比较慢，然后当采用者达到一定数量，扩散过程突然加快，并一直延续，直到系统中有可能采纳的创新人大部分已采纳，达饱和点，扩散速度又逐渐放慢，整过扩散过程呈 S 形的变化轨迹。他认为创新是在一定的社会网络中进行的，因此，创新推广的最佳途径是将信息技术和人际传播结合起来加以应用。

① 创新扩散理论［EB/OL］. 搜狗百科，http//baike.sogou.com/v7920102.htm.

第三章 四川深化科技体制改革，推进区域创新体系建设研究

一、研究背景及相关概念

（一）研究背景

经济发展，表现为连续不断的产业结构调整、转型和升级的过程，这个过程必须以科技创新和技术进步为基础。由于历史原因我国现代科技体制制约影响了科技与经济结合，科技经济“两张皮”现象比较突出，四川更为明显。特别是四川“两强两弱”的特点，条块分割，自成体系，利益分配机制的不合理，阻碍了科技资源的自由流动、有效配置和创新创业者的热情，导致科技成果转化和产业化困难。科技体制改革的目的就是要促进科研成果的转化和产业化，促进科技资源的自由流动，高效配置，实现科技与经济的高度融合。经济新常态下，创新驱动发展特别是科技创新已成为经济提质增效，产业转型升级的重要驱动力，研究深化四川科技体制改革，推动区域创新体系建设，促进四川加快创新驱动经济发展具有重要的现实意义。

（二）科技体制相关概念

科技体制是科学技术活动的组织体系和管理制度的总称。它包括组织结构、运行机制、管理制度等内容，属制度创新范畴。

1. 科研组织结构

一个国家的全部科研机构按照所有制和经费来源的不同，可以划分为政府科研机构、企业科研机构、高校科研机构和其他非营利科研机构。针对不同的科研机构，国家在法规、制度的设计和执行上其政策也有所不同。而科研组织

结构则是指各种科研机构之间相互联系、相互作用的方式，核心是科研力量（人财物等手段）分配的方式或布局。静态的科研组织结构反映科研力量分配的数量比例关系，而动态的科研组织结构则反映各种科研机构相互之间的联系和反馈。

2. 科研管理制度

科研管理制度则规定科学技术在整个社会中的地位，与社会其他形态的相互关系，以及科学技术体系结构中的侧重点。其范围包括科研享有多大的自由，在多大程度上对科研进行管理；用什么方式进行管理；科技与政治经济程度的相关程度。一个国家的科研管理制度对其社会的科学能力影响极大，或者削弱、窒息、扼杀社会的科学能力；或者对社会的科学能力起发酵、催化、放大的作用。科技的发展对管理体制提出了双向要求：既要保证小科学项目的充分自治，又要对大科学项目实行控制和管理。

3. 科技运行机制的基本内涵

运行机制，是指在人类社会有规律的运动中，影响这种运动的各因素的结构、功能及其相互关系，以及这些因素产生影响、发挥功能的作用过程和作用原理及其运行方式。科技运行机制是指科技系统中各构成要素之间相互联系和作用的制约关系，是系统内的机构与个人开展科技活动、实施科技管理的准则。其主要包括科技决策机制、科技动力机制、科技发展机制以及科技监督机制。其中：科技决策机制是指决策系统中各要素之间的相互关系和内在机能，客观地反映着决策机体的运动变化规律，并决定着科技决策行为的有效性程度。科技决策机制在经营机制中处于主要地位，它不仅是设计其他机制的基础，而且又贯穿于其他各机制运行的始终。健全的决策机制是有效决策的必要条件，其衡量标准就是看其是否与决策的运行规律相符。科技动力机制是科技运行的动力来源和作用方式，是能够推动科技活动实现优质、高效运行并为达到预定目标提供激励的一种机制。科技发展机制是在科技创新驱动下，充分挖掘利用和发展系统内部资源并广泛吸纳系统外部资源，加强人才、技术、资金、信息等资源储备，不断谋求创新发展的机制。在科技管理部门、评价机构、评审专家和承担单位等多个主体间及主体与全社会之间，建立一种相互制约和监督的机制，一方面，各主体之间职责与分工明确；另一方面，主体间能相互牵制、监督，同时也接受相关法律法规和社会公众的监督，有效杜绝科技腐败等不良现象发生。

二、我国科技体制改革的时间表、路线图

我国原有科技体制形成于计划经济时期，其突出特点是科技资源集中在政府所属独立科研院所，并按行业部门分类自成体系，科技和经济“两张皮”、关键技术自给率低、科技资源配置过度行政化与分散重复并存、科技人员的积极性创造性难以发挥。随着我国改革开放和市场经济体制的逐步确立，其弊端日益显现。自20世纪80年代开始，中央决定对科学技术体制进行坚决的有步骤的改革，改革的历程大致经历了四个阶段①②。

（一）科技体制改革全面启动阶段（1985—1995年）

1985年《中共中央关于科学技术体制改革的决定》，明确提出科技体制改革的目的是：“使科学技术成果迅速地广泛地应用于生产，使科学技术人员的作用得到充分发挥，大大解放科学技术生产力。”并对科技管理机制、科技拨款制度等方面的改革作了明确的要求，这标志着我国科研机构改革进入全面启动阶段。

1988年国务院又出台了《关于深化科技体制改革若干问题的决定》，提出要鼓励科研机构引入竞争机制，推行各种形式的承包经营责任制，实行科研机构所有权和经营管理权的分离。其核心是把科研任务的计划下达变成了自由基金申请。这一阶段改革的特征是，以改革拨款制度、开拓技术市场为突破口，引导科技工作面向经济建设主战场。改革的重点集中在着力解决科技与经济“两张皮”的问题，目的在于“放活科研机构、放活科技人员”，加速推进科技与经济一体化发展。

（二）科研机构转制改革阶段（1995—2005年）

1995年中共中央、国务院发布《关于加速科学技术进步的决定》，确立了“科教兴国”战略，提出“稳住一头，放开一片”的改革方针，开展了科研院所结构调整的试点工作，1998年在中科院开始实施知识创新工程试点。

1999年，党中央、国务院又专门出台了一个《关于加强技术创新、发展

① 程帅. 我国科技体制改革历程及评价［J］. 中国集体经济，2011，30（10）：66.

② 方新. 中国科技体制改革三十年的变与不变［J］. 现代情报，2012（10）.

高科技、实现产业化的决定》，明确提出深入实施“科教兴国”战略，科技体制改革要与经济体制改革和其他方面的改革同步发展。在这两个文件的指导下，改革的主要内容是“调整结构、转变机制、分流人才”，其中最大的体制结构变化就是院所转制。

（三）科技管理体制改革阶段（2006—2011 年）

2006 年 1 月，党中央、国务院召开了全国科学技术大会，出台了《关于实施科技规划纲要增强自主创新能力的决定》，明确提出自主创新战略，同时，国务院颁布了《国家中长期科学和技术发展规划纲要（2006—2020 年）》，明确指出，要建立以企业为主体、“产、学、研”结合的技术创新体系，建立现代科研院所体制，全面推进国家创新体系建设。在“落实规划纲要，建设创新型国家”的实施过程中，推出了十六个国家科技重大专项。这一阶段，重大专项带来了科技管理的变化，科技体系结构得到了优化，形成了科研院所、高校、企业和科技中介机构等各具特色的多元化管理模式。

（四）深化科技体制改革的新阶段（2012 年至今）

2012 年 7 月，党中央召开全国科技创新大会，颁布《关于深化科技体制改革加快国家创新体系建设的意见》，把强化企业技术创新主体地位，促进科技与经济紧密结合作为我国深化科技体制改革的中心任务。

2012 年 11 月，党的十八大明确提出实施创新驱动发展战略，把科技创新摆在国家发展全局的核心位置。

2013 年 3 月“两会”期间，习近平总书记参加科协、科技界委员联组会时强调：“要坚定不移走中国特色自主创新道路，深化科技体制改革，不断开创国家创新发展新局面。”时年 9 月 30 日，中央政治局委员在中关村集体学习，习近平特别提出：“最为紧迫的是要进一步解放思想，加快科技体制改革步伐，破除一切束缚创新驱动发展的观念或体制机制障碍。”

2015 年 3 月，国务院发布了《关于深化体制机制改革加快实施创新驱动发展战略的若干意见》。其主要任务：一是营造激励创新的公平竞争环境，强化知识产权保护机制；二是建立技术创新市场导向机制；三是强化金融创新的功能，四是完善成果转化激励政策，着力强调职务发明人“三权”改革，下放“三权”，在一定条件实行零审批、零上缴等政策。保护知识产权、反垄断以及建立技术市场导向机制，真正从创新者和消费者的利益保护和实现来深化科技体制改革，强调万众创新和大众创业，打破制约创新的行业垄断和市场分割。这是一次全方位、系统性的改革。其改革不局限于科技体制，而是所有束缚创新的体制机制都要改革。这是我国科技体制改革的一个具有划时代意义的里程碑的变迁，将开启一个全民创新创业的新高潮。

（五）小结

我国科技体制改革三十年有“三个不变”，即改革针对的基本问题没有变、对创新主体制度变革和能力建设的探索没有变、充分调动科技人员积极性创造性没变。但不变的同时，改革又在不断地深化。主要是因为所处的时代变了，国际竞争环境也变了，问题的内涵变了，改革的措施也在不断深化，以前更多的是在微观的运行机制上变革，从 2012 年开始力图在宏观的管理体制和机制上有所变革。2015 年出台的体制机制改革相关政策体现得更加充分，简政放权、简政放利等促进改革创新，激发创新创业主体的活力和能力的主要精神。

三、四川科技体制改革的主要做法及成效

四川科技体机改革始终按照中央改革精神，并根据自身的特点和能力，有重点、有针对性、分阶段的进行改革，促进四川科技与经济结合，提升四川区域创新能力和创业活力。在“十一五”“十二五”期间，四川科技体制改革主要做了以下的工作：

（一）“十一五”四川深化科技体制改革的主要内容及成效

1. 科技管理体制改革

推进科技行政审批制度改革。完善管理程序，规范项目申报、受理、评审、管理等，构筑网上一站式服务平台，在立项征集信息、专家评审、项目实施、中期评估等方面，做到公平公正透明；实行了党组会厅领导票决制审定项目等程序，聘请科技项目监督员、特派员、监理员，加强项目的内外部监督，促进了科技项目的规范化管理。

（1）科技计划管理体制改革。一是突出科技计划的顶层设计。在突出科技计划的顶层设计方面，省本级 80%的研发资金向重大科技工程、重点科技行动以及重点科技领域集中，体现了整合资源、突出重点、集中力量办大事的原则。二是科技计划直接面向经济社会发展需求项目。面向全社会征集科技需求

信息，使科技计划项目直接面向经济社会发展的重大技术需求。三是科技资金流向产业化项目、科技攻关项目。调整科技计划项目资金的主体流向，产业化项目、大部分的科技攻关项目由企业牵头申报或企业联合科研单位和大专院校申报，积极推动企业成为创新主体。

（2）进行建立现代科研院所制度的改革。一是应用开发类科研院所企业化转制。按照分类改革的要求，对于应用开发类科研院所，主要从改变产、研分离的体制问题入手，将能够迅速产业化的应用开发类科研院所进行了企业化转制。对13个与市场结合紧密、条件较好的科研院所，直接进入企业或转变为科技型企业，对于条件尚不够成熟的也积极进行企业化转制准备。应用开发类科研院所企业化转制之后，在不断加强科研实力的基础上，基本上完全按照企业经营的思路发展，在院所内部逐渐按照市场对企业的要求进行管理、研究开发和市场经营方面的调整。逐步开始建立“产权清晰、权责明晰、管理科学、事企分开”的现代科技型企业制度。通过改革，全省科研院所经济实力增强，产业化能力提高，科研院所的竞争意识得到加强，建立了产业化对科研的反哺机制，科研院所内部管理水平不断提高。二是社会公益类科研院所内部运行机制改革。社会公益类科研院所的现代院所制度建设主要从院所内部运行机制入手进行改革：集中体现在院所内的人员聘用制度、收入分配制度、考核评价制度、项目管理制度、财务管理制度等方面。同时，在尊重现实的基础上，针对公益类科研院所不断探索和完善“事企分开”的运行制度。通过改革，科研院所的竞争意识得到加强，科研院所内部管理水平不断提高。

2. 科技管理运行机制改革

（1）探索“产、学、研”结合新模式。一是组建产业技术创新战略联盟。组建企业、大学和科研机构等产业技术创新战略联盟，开展技术合作，突破产业发展的核心技术，形成产业技术标准；建立公共技术平台，实现创新资源的有效分工与合理衔接，实行知识产权共享；实施技术转移，加速科技成果的商业化运用，提升产业整体竞争力；联合培养人才，加强人员的交流互动，支撑国家核心竞争力的有效提升。全省已建立了覆盖电子信息、生物工程、先进制造、航空航天、新能源、新材料六大领域的创新联盟59个。二是组建产业技术研究院。探索产业技术研究院，由大学、企业、科研院所共同参与，根据四川经济的发展需求。以提升产业技术和创新能力为目标，通过关键性、创新性以及前瞻性技术的开发与推广，向企业转移技术成果，培养、输送人才。协调、组织对企业发展中重大项目的科研攻关，促进产品更新、产业升级和产业结构转型。成为能持续产生重大科研成果的创新平台和基地。

（2）构建军地结合新机制。一是军民融合发展机制。支持长虹、九洲等军民融合企业做大做强，培育跨行业、跨区域的军民融合企业集团；支持国防军工科研单位与地方科研机构、大型企业、高等学校构建技术创新联盟；建立军民融合推进委员会，将中国工程物理研究等在绵阳的国防科研院所、高等学校和大中型企业作为科技城管委会成员。二是建立军民融合促进机制。军地共同编制和实施《科技城科技创新规划》等专项规划。建立促进军民两用科技资源协调配置的会商制度。鼓励军地双方通过交流挂职、短期工作、项目合作等方式培养人才。三是建立军民融合利益共享机制。支持国防科研院所、高等院校和企业联合共建研发平台，联合培育新型产业组织，实现互利共赢。

（3）探索高新技术产业发展投融资机制。一是设立四川省科技型企业创业投资风险补助资金。设立创业投资引导基金，加强创业投资扶持力度，引导和放大风险资本、金融资本加大对高新技术企业的投入。从2008年起，设立了2 000万元的“四川省科技型企业创业投资风险补助资金”，截至2011年8月，补助资金资助了437个项目，其中创业投资机构23家、科技企业309家。获得风险补助和投资保障的创业投资机构投资总额达到13.09亿元，通过担保、贴息共引导银行贷款83.08亿元。4年来，近8 000万元的补助资金，累计撬动了上百亿元的社会资金，杠杆效应十分显著。二是设立科技专营银行。2009年6月，在全国率先成立了两家科技支行，专注于科技型企业贷款，截至2011年6月底，两家银行贷款余额达19.34亿元，其中，成都银行有限公司科技支行贷款余额13.03亿元，较2009年6月成立时增加11.23亿元，增幅为623.08%。三是建立中国科技金融研究中心。组建中国科技金融研究中心加强科技金融创新研究，探索创新金融服务与科技创新产业发展的新机制。四是建立四川省高新技术产业金融服务中心。组建四川省高新技术产业金融服务中心为高新技术企业和各种金融机构提供专业化、高效率的中介服务。五是打造西部风险投资中心。打造西部风险投资中心，吸引30多家投资机构、投资管理机构、银行、担保公司、中介机构入驻，设立了总规模为15亿元的创业投资引导基金，帮助中小企业获得担保贷款近30亿元，累计完成股份制改造50余家，成功挂牌上市企业17家。六是构建科技金融协作机制。与深交所、相关银行、中国风险投资研究院、保险公司等签订了《关于联合推进四川省高新技术企业改制上市的工作备忘录》《知识产权质押融资合作协议》《利用风险投资促进高新技术产业发展、建设科技创新产业化基地战略合作协议》《利用信用保险支持科技兴贸创新基地合作协议》等，开展高新技术企业上市辅导，帮助高新技术企业在中小板特别是创业板上市，全省已有3家企业在创业板上市，居全国第二位。成功举办了“2009年中国（西部）高新技术产业与风险资本对接推进会”，引进100余家国内外风险投资机构，促成其对一批高新技术项目签约投资，引入风险投资18亿元。经四部委协商，此会将打造成中国西部每年一届的投融资盛会，每年4月定期在成都举办。

（二）“十二五”四川科技体改革的主要内容及成效

“十二五”以来，四川牢牢把握“创新驱动、转型升级、支撑引领、全面小康”四个关键，不断深化科技创新体制改革，按照“从最突出的地方改起，从形成共识的地方改革”的总要求，坚持“问题导向、形成制度、推进发展”的总原则，扎实推进管理体制改革和激励机制创新，科技体制机制改革和政策创新取得阶段性成效，极大地促进了创新驱动经济发展。

1. 强化顶层设计，制定科技体制改革总体方案

“十二五”开局以来，根据四川省科技资源特点，按照省委十届四次全会的改革决定，围绕全省科技创新体制改革3个方面的13项改革任务，省科技厅会同相关部门，制定了《科技创新体制改革实施方案》《培育企业创新主体专项改革方案》《激励科技人员创新创业专项改革方案》《军民融合发展专项改革方案》等，成立了科技创新体制改革领导小组。

2. 着力重点突破，创新科技人员创新创业机制

（1）局部推进激励科技人员创新创业改革试点。根据中央深化科技体制改革精神和学习中关村等先进地区经验，省科技厅会同省级相关部门，开展了从科技人员兼职取酬、离岗转化科技成果和创办科技企业、科研成果转化的收益分配、转制院所的创新发展、科研项目单位内部管理等方面的改革试点，积极探索建立起事业导向、利益驱动并重的人才激励新机制。研究制定并发布实施《关于激励科技人员创新创业专项改革试点意见》（川改办发［2014］4号）和《激励科技人员创新创业专项改革试点总体工作方案》。目前正组织省农科院、省畜科院、省机械院、西南科技大学、西南石油大学、攀枝花学院以及宣汉县7家单位试点①。重点落实“一年内未实施转化的职务科技成果，成果完成人或团队拥有成果转化处置权，转化收益中至少70%归成果完成人或团队所有”的激励政策。根据省及中央精神，2014年8月18日，成都市出台《促进国内外高校院所在蓉协同创新若干政策措施》十条新的具体政策，政策

① 2014年四川推动实施激励科技人员创新创业专项改革试点工作［EB/OL］. 中国人才网，http://www.cnrencai.com/goldjob/jili/124511.html.

突破了5大“限制”，已初见成效。

（2）改革完善科技创新奖励制度。修改了《四川省科学技术奖励办法》《四川省科学技术奖励办法实施细则》，制定了《四川省科学技术奖励评审工作规程（试行）》；完善评价指标体系，突出创新绩效核心地位、增加生态效益权重，强化市场导向、协同创新；推进建立公开提名、科学评议、实践检验、公信度高的科技奖励机制。2014年全省科技奖励评审工作已执行新的评价体系。

（3）探索制定科技创新分类评价制度。初步形成《四川省基础研究活动评价办法（试行）》征求意见稿，制定了针对应用研究的《重大科技项目评价标准》，正在研究制定对产业化开发活动采用企业评价和第三方评价的标准和方法。

3. 完善治理体系，深入推进科技计划管理体制改革

（1）改革重大科技项目组织方式。强化重大科技项目顶层设计，制定了《关于组织四川省重大科技项目实施方案》，围绕产业链部署创新链，目前全省共梳理产业链重大科技创新项目200余项。积极探索建立科技项目招标制度，完成攀西试验区重大科技攻关项目的全球招标，17个项目已成功签约，企业将投入研发资金6.56亿元。

（2）改革科技项目和资金管理方式。为推进建立统筹协调、职责清晰、监管有力的科研项目和资金管理机制，四川省制定了《关于改进加强省级财政科研项目和资金管理的实施办法（送审稿）》，出台了系列举措。科技厅制定《省级科技计划项目（课题）调整规程》《科技计划项目组织申报审批流程》，规范科技项目及资金管理，财政厅、科技厅共同制定《四川省科技计划及专项资金后补助管理暂行办法》，建立后补助支持机制。2014年第二批科技项目后补助支持续费占比达14%。

（3）推进建立科技报告制度和科研项目库。按照国家科技报告制度建设框架，研究制定了四川省科技报告制度建设方案和四川省科技报告编写规则等6个规范性文件；制定了《科技管理信息系统技术方案和建设方案》，将按统一的数据结构、接口标准、信息安全规范，启动和建立全省科技管理信息系统。

4. 深化推动科研院所改革，构建市场化产业化的运行机制

在推动四川科研院所转制改革成功的基础上，进一步推动转制科研院所分类改革，探索建立全新的运行机制、用人机制、管理机制、创新机制。2013年围绕战略性新兴产业及四川特色优势产业领域组建轨道交通、数字家庭、钒钛等首批产业技术研究院等筹建工作，投入1亿元财政专项资金，支持产业技术研究院实施一批成果转化、科技支撑和公共服务平台项目，经过一年多的努

力，10家产业技术研究院①基本建成，并已有所发展，将进一步推动再组建10家所有制结构新、管理体制新、运作机制新、功能定位新的省级产业技术研究院。同时，鼓励建立一批市（州）级产业技术研究院。

5. 积极探索构建企业主导研发转化的创新机制

（1）逐步建立起以企业为主体的技术创新研发机制。制定了《四川省高水平企业研发机构管理办法》，遴选出华为、东汽等40家高水平企业研发机构开展示范。主动吸纳了新晨动力、宜宾丝丽雅、华为（成都）等创新实力强的企业，参与2014年重大科技项目的规划、组织和决策。产业目标明确的省级重大科技项全部由企业牵头实施，2014年由企业牵头的科技项目1 309项，经费8.45亿元，占重大项目的70%。

（2）强化企业主体地位的"产、学、研"组织发展和创新。省科技厅与知识产权局着重推进产业技术创新联盟构建、积极发展专利联盟、标准联盟等，鼓励不同形态的"产、学、研"创新组织加快发展，并制定了《四川省产业技术创新联盟评估工作方案》②，促进新联盟健康发展。2014年底共建省级及以上产业技术创新联盟111个，专利联盟2个，初步形成了开展技术合作、协同技术攻关、共建研发中心、共建技术联盟、共建产业基地、共建专利池等主要"产、学、研"合作模式。

（3）制定了促进科技企业培育和发展方案和相关政策。省科技厅制定了《四川省科技企业孵化器建设方案》，推出加快科技企业孵化器建设与发展的措施，设立专项资金大力度支持孵化器建设。截至2014年9月底，四川企业孵化器和大学科技园新孵化企业共计2 703家，出台了《四川省中小企业发展专项资金管理暂行办法》，设立了科技型中小企业技术创新资金。

（4）建立共享机制，积极推进大型科研仪器向企业开放。通过不断完善全省大型仪器、科技文献、科学数据等科技创新资源开放共享的运行机制和管理模式，推进院所高校大型科研基础设施向企业开放共享。制定了《非涉密科研基础设施全面向企业开放实施方案》，进一步完善大型科学仪器协作网建设，2014年整合聚集大型科学仪器设备2千余台/套，建立40余个科技资源数据库，向各类企业提供技术服务、检测服务8 000余次。

---

① 即：四川东坡中国泡菜产业技术研究院、四川高新轨道交通产业技术研究院、四川虹电数字家庭产业技术研究院、四川科创饲料产业技术研究院、四川联合环保装备产业技术研究院、四川省科建煤炭产业技术研究院、四川钒钛产业技术研究院、四川生物医药产业技术研究院、四川汽车产业技术研究院、四川油气产业技术研究院。

② 从创新活动、创新绩效、服务产业、运行管理、利益保障5个方面进行综合评价。

（5）建立完善市场导向、政府服务、企业主体、“产、学、研”结合的科技成果转化推广体系。为着力推动科技成果商品化、资本化、产业化，近年来，围绕科技成果转化服务链，推进建设成果信息服务、分析测试、技术转移、区域服务、工程化、孵化及投融资服务7大类科技成果转化和推广平台[①]体系。

6. 着力探索构建区域协同创新体制机制

（1）初步建立起创新驱动发展先导区协同创新机制。成都平原经济区在创新驱动发展方面一直走在全省前列，到2013年，成都平原经济区人均GDP达到43 750元（约合7 000美元），研发强度达到2.08%，进入创新比较活跃期。2014年4月27日，省委书记王东明在绵阳主持召开“成都平原经济区工作座谈会”时正式提出推进成都平原经济区建设创新驱动发展先导区，目前已签订促进成都平原经济区协同创新发展的七大框架性协议，同时正在制定成都平原经济区建设创新驱动发展先导区总体方案。

（2）积极推进绵阳科技城管理体制改革。绵阳科技城会同省科技厅等完成了《绵阳科技城军民融合创新驱动核心示范区》各项规划编制工作，着力理顺产业空间布局和科技城各建设主体关系，构建科技城管委会直管一核、统筹“三区”、指导“多园”的管理架构。

（3）搭建跨区域科技合作平台机制。充分利用西博会、科博会以及中欧创新合作平台、国际技术转移中心，加强与周边省市、泛珠三角、长江经济带以及丝绸之路经济带等地区的创新平台搭建、技术联合攻关、产业创新合作以及科技服务合作。

（4）构建起区域协同创新的工作机制。为促进区域协同创新，省科厅着力推进建立起省会商、院地合作，部门会商、厅市（州）会商以及部省市会商等联动工作机制，协调促进重大项目，重大基地和重大工作部署落实和政策到位，推动区域协同创新。目前已与全省13个市（州）建立了厅市（州）会商制度，开展泛珠、川渝、川藏、川疆科技工作合作等。

四、四川科技体制机制的主要问题

四川省深化科技体制改革、推进区域创新体系建设取得了较大的进展和一

① 四川省科技厅多项举措推进企业创新主体培育［EB/OL］. 中国网，2014-11-26 00:25:22. http://news.163.com/14/1126/00/ABUGU9AM00014JB6.html.

定成效，但是，仍存在许多问题。

（一）科技管理体制改革有待进一步深化

（1）条块分割、部门分割仍较严重。各单位、各部门的职责、任务界定不清、交叉重叠、封闭运行、自成体系，科技要素之间相互作用少，科技资源形成严重的分离，得不到合理充分的利用。

（2）政府在政策设计上还有待于突破传统思维。政策设计反映了价值取向，是侧重于营造市场环境，还是偏重于政府直接推动，其政策设计是两种完全不同的模式，将产生两种完全不同的结果。而目前政府在某些方面直接干预过多，往往造成企业过多地依赖于政府。一说科技创新，企业首先想到政府投资，税收优惠，风险由政府承担，其结果是企业缺乏自主创新动力和承担风险的责任意识。

（3）军民研发及产业化体系尚处于分离状态。四川军工资源优势相当突出，但与地方相对独立，自成体系，造成某些研发活动重复进行，军工资源优势不能有效地支持当地创新体系建设，不能转化为地方经济发展的优势。

（二）科技运行机制有待进一步完善

由于很多科技创新机构是从经济体制改革中脱胎换骨而来，在运行方式上遗留着计划经济的痕迹，机制不活、人浮于事、等客上门，对政府的依赖性强，没有真正引入市场机制、竞争机制和合理激励分配机制，无法或没有实施市场化管理，特别是“产、学、研”合作机制还有待加强。目前，“产、学、研”合作的形式比较松散，组织模式有待提升和强化；“产、学、研”合作协议往往对责、权、利界定不清，对风险共担没有共识，对知识产权、成果转化收益等合作成果的分享缺乏明确可操作的规定，难以形成利益共享、风险共担的机制；促进“产、学、研”结合的政策法治环境有待完善，应进一步加强对技术创新联盟等创新软实力组织给予更有力的政策支撑，目前四川没有专门针对各种新组织联盟出台具体培育和支撑政策，仅散见于一些政策文件中。

（三）科技财政投入体制亟待优化

1. 科技投入结构不合理，重基础轻应用开发

2013年四川省基础研究、应用研究以及试验发展三项支出比为1∶2.69∶10.70，全国为1∶2.28∶18.06，广东为1∶3.03∶38.63，可见四川总体水平低于全国水平，重基础、应用研究，轻转化、开发，并且基础和应用研发也不强。从

国外经验看，要使创新真正成为驱动经济（产业）发展的主动力，三项之比在1∶10∶100是比较合理的。华为公司短短二十余年，便成为全球知名公司，最成功的一点是注重开发应用，而且是以商业（市场和需求）为导向的开发应用而不是以技术为导向，充分利用“应用”带来的市场资源，积累研发实力，不断实现向产业链上游扩张。

2. 本级财政科技投入明显不足

尽管四川科技投入资金政府仍占主角，但全省地方财政科技支出占财政支出比重却较低，2013年仅占财政公共支出的1.12%，居全国各省第24位，比2012年还下降了3位；全国科技拨款占公共财政支出比尽管比2012年有所下降，仍高达3.63%①，说明四川省在财政科技投入方面明显不足，需要进一步优化四川财政支出结构和方式，加大地方财政对科技的支持力度。同时四川各市（州）财政科技支出占财政支出的比重差异也较大，在［0.24%，1.92%］区间，仅绵阳接近2%，达到1.92%；成都作为全省的创新极核和财政收入的核心区，科技投入支出占财政支出仅1.77%，2012年也不到2%（1.94%），见表3-1。

表3-1　2013年各市（州）地方财政收入、财政科技支出占财政支比重及排位

类别 区域	地方财政收入		地方财政政科技支出占财政支出	
	总额（亿元）	排位	占比（%）	排位
成都市	898.54	1	1.77	2
自贡市	38.33	14	1.52	3
攀枝花市	58.55	11	1.31	5
泸州市	109.6	3	0.96	9
德阳市	80.47	6	1.34	4
绵阳市	90.48	5	1.92	1
广元市	30.46	18	0.65	11
遂宁市	33.56	17	0.62	12
内江市	37.75	15	0.41	19
乐山市	75.11	7	0.82	10
南充市	65.57	8	0.44	17
眉山市	63.61	9	0.43	18
宜宾市	101.6	4	1.19	6

① 数据来源：《中国统计年鉴（2014）》。

表3-1(续)

区域＼类别	地方财政收入		地方财政政科技支出占财政支出	
	总额（亿元）	排位	占比（%）	排位
广安市	38.62	13	0.44	16
达州市	60.31	10	0.54	14
雅安市	22.94	20	0.48	15
巴中市	27.35	18	0.33	20
资阳市	48.44	12	1.17	7
阿坝州	24.46	19	0.60	13
甘孜州	22.12	21	0.24	21
凉山州	110.01	2	1.12	8

数据来源：《四川统计年鉴（2014）》。

（四）区域协同创新的机制有待完善

四川科技创新资源不平衡特征突出，主要集中在成都平原区域特别是成都市，基本形成了以成都市作为知识创造的高地，辐射带动其他区域发展的创新立体网络体系。但是无论是天府新区、绵阳科技城还是全川5大片区的大区和小区中内外部区域创新驱动产业的协调机制都没有真正建立起来。

天府新区2015年推进建立统一的政务服务中心，整合跨部门，跨层级审批事项①，但还没有实施；绵阳科技城也正在探索区内协同创新机制。成、德、绵同城发展在基础设施等方面取得进展，为成都平原区域产业协同创新发展创造了条件，成都平原经济区尽管从2010年起签订了七大区域合作框架协议②，建立了跨市（州）区域联席会议制度、区域科技创新资源共享平台（绵阳科博会）、院所地以及军民融合等协同创新机制，并拟建立成都平原区创新驱动发展先导区，但这些合作协议以及平台机制还处于起步期，而且关键的利益机制解决方案没有着落，各自为政、自成体系、封闭发展的情况仍较突出。从各市（州）专利授权数量及引进消化来看（见图3-1），也明显存在独立各自发展的态势，导致科技资源的闲置和重复建设。必须制定统一的具有促进区域协同创新的战略规划，全面加强统筹协调力度，推动各区域协同创新促进产

① 王垚. 开工一批重大项目，争设内陆自贸区［N］. 成都商报，2015-04-05（3）.

② 《成都经济区区域合作框架协议》《成都经济区劳动保障区域合作框架协议》《成都经济区区域科技合作框架协议》《成都经济区金融合作备忘录》《成都经济区就业服务区域合作协议》《成都经济合作区域通用门诊病历》《成都经济区区域协同创新框架协议》。

业发展。从欧盟等地区区域协同创新发展的经验来看，只有建立起平等对话，甚至利益向后发区域倾斜的机制才可能构建起良性的区域协同创新关系，在趋同理论下，最终实现区域间的平衡发展。

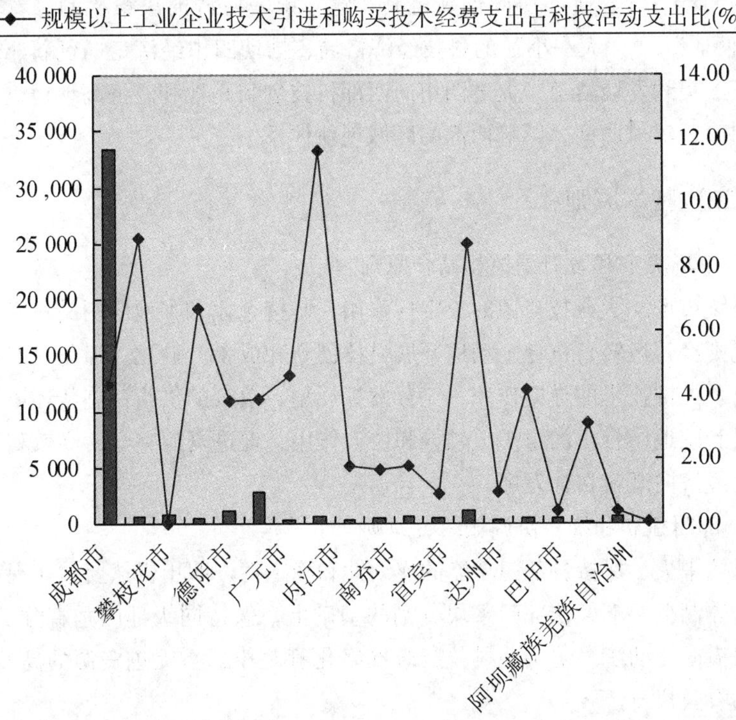

图 3-1　2013 年各市（州）专利授权量及技术引进和购买支出占科技活动支出之比①

四、指导思想、基本原则和战略目标

（一）指导思想

以国家体制机制改革意见为指南，依托自身特色和优势，深化四川科技体制机改革政策创新，着力先行先试，促进科技与经济融合，坚持创新驱动发展

① 专利授权量为2013年数据，来源于四川知识产权网；其余根据《四川科技统计年鉴(2014)》整理。

观，以企业和市场为动力核心，以发挥科技对经济和社会发展的支撑和引领作用为宗旨，以科技成果市场化和产业化为目的，完善科技运行机制，优化配置创新资源，营造良好的创新创业和产业化环境，进一步增强企业技术创新主体地位，强化大学和科研院所的知识创造能力和转化能力，完善军民融合、院地结合的“产、学、研”协同创新机制，建立统一协调的决策机制，着力改善“两强两弱”、“一大一小”的科技经济格局，推动四川经济走向创新驱动、内生增长、集约发展轨道，促进四川向西部科技创新高地和经济高地迈进，建成服务川渝、辐射西南、影响西部的区域创新体系。

（二）基本原则

1. 市场决定和政府调控相结合原则

强化市场配置科技资源的决定性作用，坚持企业和本地应用类科研院所按市场规则经营运转，自觉主动地开展科技创新和成果产业化。强化政府在核心技术以及关键技术的导向作用，充分发挥规划、政策的供给，创新环境营造以及军民和院地结合中的组织、领导和协调作用，促进资源整合，高效利用和引导科技经济向既定目标发展。

2. 部门独立和统一协调相结合原则

对接中央、保持各部门功能的连续性和稳定性，四川仍然要站在现有的科技行政体制框架下，在部门条块分割的基础上，保持同级部门垂直分工独立，各部门横向互动统一协调的科技行政网络化管理模式，促进资源的高效利用、决策的有效执行。

3. 资源整合和创新激励相结合的原则

四川是科研资源丰富的大省，但是相对比较分散，地域根植性不强，缺乏整合，利用率不高。另外，科研人员的创新动力不足，创新创业的积极性不高。深化科技体制改革，必须要把科技资源有机整合和科研人员创新创业的积极性有效结合起来，打破地域和部门之间的行政壁垒限制，加强央地、军民、院地以及部门的科研资源整合利用，激励科研人员走出“象牙塔”，融入社会，进行创新创业，实现“人力资源+科研资源+资本资源=财富”的“蝶变”，促进区域科技与经济更好的协调发展。

4. 开放性和强辐射能力兼备的原则

开放性和辐射性是区域创新系统持久永恒的生命力所在，作为西部科技创新高地的四川，有着雄厚的科研技术力量、自然资源、物力资源和特色优势产业，在地理上处于西南和中西部地区的中央，具有很高的势能和较广的辐射范围，因此四川科技体制改革，建设区域创新体系建设不应是一个封闭的系统，而应以全方位的开放姿态、良好的投资环境、优质高效的服务，形成能对周边地区发生巨大影响作用的强辐射场。

（三）战略目标

1. 总体目标

按照整合科技资源、提升创新能力、加速成果转化的要求，深入实施“科教兴川”和“人才强省”战略，围绕四川省社会经济发展总体目标和成渝经济区建设，通过深化科技体制改革，到2020年基本形成统一协调的宏观科技管理决策机制，公开透明、廉洁高效的监督机制，大科技格局基本形成。各级科技管理部门职能得到转换和提升，宏观调控进一步加强，间接管理和协调、服务职能成为科技职能部门的主要职责，对科技工作进行统一规划、统一部署，与企业和科研院所等经济综合部门协调、进一步加强合作，建立起促进知识、技术、资金无障碍流动与扩散的运行机制，促进创新创业和成果产业化的政策保障体系和高层次人才队伍建设的激励机制，为区域创新体系提供较适宜的软环境，极大地促进科技与经济紧密结合、科技资源的高效利用、产业化能力大幅提高，科技贡献率力争达到65%以上，创新型四川基本建成。

2. 分项目标

——体制改革目标。到2020年，基本建立多部门开放互动、统一协调的科技信息网络化管理体制，大科技格局基本形成；建立起研发与产业化并重，政府引导、企业主体、多元参与的科技投入体制，“四位一体”的知识产权管理体制。

——机制完善目标。到2020年建立起以战略性产业和新兴产业为重点的军民融合、院地结合、“产、学、研”结合等多类型的协同创新机制，军民融合的联盟成为特色，“产、学、研、政、资、介”协同创新成为绵阳科技城、天府新区成都科学城以及攀西国家战略性资源创新开发试验区创新要素的重要形式；以高端人才为重点的多层次人才激励机制。建立起以科技基础条件平台资源整合，以“共享”为核心的利益机制。

——区域创新体系建设目标。到2020年四川省区域创新体系基本建立起军民融合突出、央地（院地）结合紧密的开放型、网络化、特色化的满足四川和西部经济、社会发展特色和需要的，创新能力辐射成渝、西南、甚至影响全国的的多层次区域创新系统。实现区内的知识、技术、资本、人才、信息、创新服务平台六大资源的集成和良性互动，使四川成为创新力、凝聚力、辐射力、带动力和发展力强的国家创新体系的重要支撑极，强有力的支持本省、成渝经济区经济持续健康快速发展，并促进西南和中西部地区经济和社会的发展。具体表现为：一是研发强度显著提高，企业创新主体进一步增强。到2020年全省R&D支出占GDP的比例达到2%。鼓励企业增加R&D经费投入，2020年企业R&D经费投入应占本地域总投入的65%以上，成为技术创新投入的主体。二是创新型企业及企业家成倍增长。三是“产、学、研”联盟组织机构翻一番。到2020年“产、学、研”联盟组织机构达到300个，比2015年翻一番，有效推动区域创新要素融合发展。四是形成3~5个具有全国影响力的创新型产业集群。到2020年培育3~5个具有核心竞争力，关键技术和核心技术国内领先，全国一流的创新产业集群。即电子信息软件产业集群、生物医药产业集群、以航天航空技术为重点的精密装备制造业集群、新材料产业集群、化工产业集群以及白酒产业集群等。五是多层次梯度化的创新空间分布形成。在区域空间分布上，到2020年形成以成都市特别是天府新区为核心，绵阳、德阳、攀枝花和自贡、宜宾等极化效应和扩散效应强的多层级网络化的创新型城市群，成为四川区域创新系统的重要空间载体，带动四川整个区域的生产力水平显著提高，产业结构提档升级。

五、主要任务

在“十二五”中后期甚至更长的时期，四川将按照整合科技资源、提升创新能力、加速成果转化的要求，推动科技与经济结合、科技资源的高效利用和人才队伍建设，实现“科教兴川”和“人才强省”的战略目标。紧跟中央改革步伐，根据自身问题和条件，深化四川科技体制机制改革，着力增强创新创业活力。以简政放权、简政放利为主线，积极推进科技金融体制、科技财税体制和科技收入分配体制改革，大力推进科技成果转化、推广以及区域协同创新、科技政策评价等新机制的建立和完善，形成以企业为主体，“产、学、研、政、资、介”良性互动，军民、央地紧密结合的区域创新系统，促进科技资源在重点区域和重点行业集聚，在全川范围甚至西部地区辐射，促进创新驱动四川经济新常态实现“双中高”发展。

（一）建立统筹协调的大科技管理体制

1. 实现对接国家科技重大专项体制机制突破

（1）充分发挥对接国家科技重大专项协调领导小组的作用。以科学发展观为统领，加强统筹部署，构建充满活力、富有效率、开放合作的组织管理模式，促进科技与经济的紧密结合，推动产业和区域经济的发展；领导小组各成员单位要加强对重大专项申报和实施的组织领导，把它放在工作的突出位置，分工负责。一是负责联络国家重大专项办公室，了解专项实施进展情况；二是做好四川相关部门与国家相关牵头单位和组长单位的联系；三是协调省级各有关部门做好国家重大专项在四川的实施工作；四是负责组织四川省国家科技重大专项协调领导小组联络员会议；五是负责编报《国家科技重大专项进展情况简报》，及时通报四川关于国家科技重大专项对接工作最新情况。

（2）实行分工负责，由省有关部门牵头对接落实。四川省国家科技重大专项领导小组成员单位实行分工负责，牵头负责对应国家科技重大专项的对接工作。省有关部门负责牵头对接重大专项在四川实施情况的组织沟通、协调和支撑服务。一是负责与相关国家科技重大专项办公室牵头单位的联络；二是负责组织全省优势力量争取进入相关专项、承担相应任务，争取更多资金；三是组织相关专项地方项目实施方案编写、论证、项目分解；四是负责相关专项在川实施项目（课题）的组织协调、监督检查等工作；五是负责监督相关专项地方匹配资金的落实；六是积极推荐四川专家参与国家重大专项的方案编制、论证、评审等工作。

（3）建立四川省国家科技重大专项项目储备库。四川省国家科技重大专项协调领导小组各成员单位根据各自所对接国家科技重大专项的要求，调研了解四川的科技优势、人才基础、产业状况、创新能力等，找出四川的比较优势，围绕国家科技重大专项主要内容及目标，积极组织四川相关领域具有全国比较优势的企事业单位、科研院所、高等院校等，集成优势、统筹资源、整合力量，组织各类科技计划项目，建立四川拟推荐国家科技重大专项项目储备库。以承担实施的国家科技重大专项为契机，统筹重大专项的项目、基地和人才队伍建设，统筹省市各部门和地方资源，统筹行业内和行业外的优势单位，统筹国内外科技资源，充分利用好现有资源和全社会各类优势资源，实现原始创新同集成创新、引进消化吸收再创新的紧密结合。

（4）成立四川省国家科技重大专项对接指导专家委员会。充分发挥专家智囊团的作用，成立四川省国家科技重大专项对接指导专家委员会，邀请院士、相关领域的权威资深专家、参与国家科技重大专项论证的技术专家、管理专家等参与，为四川国家科技重大专项对接工作提供技术支持和决策咨询。每个专项确定一名首席专家，负责跟踪重大专项进展，根据四川优势及时提出对接建议。

2. 建立和完善统筹协调的科技决策机制

（1）建立主动、常态的项目申报制度。转变项目申报方式，变项目由下而上、被动申报为主动组织，加强调查研究，面向社会特别是企业征求科技需求，按照工程集成的思路，形成下一年度重大项目建议方案；同时变临时集中申报为常年动态申报，构建重大项目储备库，实时掌握全省重大项目变动趋势，争取更多的重大科技项目进入四川。

（2）建立统筹协调的决策领导小组。以科技项目及资金的统筹协调为重点，建立四川省科技决策领导小组。由省科技厅牵头，省政府科技副省长任组长，省科技厅负责日常工作，与省各大厅局科研及产业化部门和下属部门保持信息网络畅通互动或间接参与，主要针对全省科研及产业化重大项目、专项以及资金进行统一协调管理，并采取信息公开、社会参与、专家评审的办法，实现科技资源再分配，防止重复建设和低效利用，促进科技资源有效利用和高效利用（见图3-2）。力争到2020年省、市（区）级基本建立起统筹协调的科技项目及资金决策领导组织，促进各市区县科研资源的统一部署，高效利用。

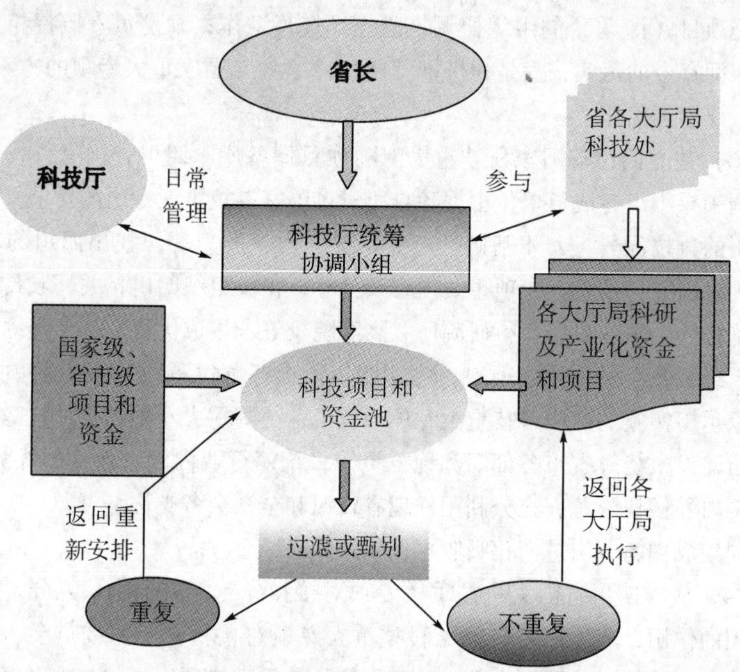

图3-2　四川省科技项目及资金统筹协调领导小组及执行程序图

3. 建立多方联动的联席会议制度

四川要建立技术创新活动组织、资源、制度供给的战略统筹、宏观协调机制，在宏观层次上实现中央与地方、军工与民用、国有与私营的创新资源的最大限度的整合。在组织体制上，在科技厅成立以省长牵头的部际、省际、市际多部门参与具有协调能力的“科技领导小组”，从实质上增加中央驻川单位与地方部门的协作与联动。科技领导小组的主要职责是协调和整合涉及科技产业发展各相关部门、单位的职能，使中央与地方、省市级各相关部门间、军用与民用之间能更好地协调与合作，共谋发展。在工作机制上，建立起部省市会商工作平台，打破行业、单位、部门局限，以区域创新能力、产业化基地、科技园区的规划编制及建设和国家科技重大专项、省级科技重大专项项目整合为着力点，顶层设计、优化整合、服务大局，促进资源的有效使用，充分发挥政府的调控职能。

4. 建立“四位一体”的知识产权管理体制

由省政府提出，省科技厅牵头，学习借鉴深圳，整合知识产权相关行政资源，建立融“专利、商标、版权、商业秘密”四位一体的知识产权管理体制，把知识产权局、工商局、质监部门、版权部门统一协调起来，共同推进专利、商标、版权、标准和商业秘密的高层次融合，统筹行政资源，提高行政效率，促进知识产权的创造、运用和保护，推动知识专利与技术标准的捆绑，加强四川产业、产品、工艺和流程的技术在未来国际产业标准的话语权。

5. 加强系统集成、提升绩效为重点的科技计划管理

注重各类计划项目的衔接，形成应用基础研究、科技攻关、战略性新兴产品、重点新产品、成果应用转化、科技创新、平台科技创新人才团队建设等系统集成的有机结合。在“十一五”省级科技计划体系基础上，结合国家科技计划体系改革，突出加强科技成果转化及产业化、科技创新人才和重大科技创新基地建设工作，探索建立新的省级科技计划体系。

（二）建立和完善区域创新服务平台共建、共享机制

区域创新服务平台是以低价使用甚至免费使用为主要方式，是推动区域创新、促进成果产业化的基础和平台，维护和确保区域创新服务平台的正常、高效使用，主要涉及平台协调机制、科技资源共享的法律法规体系、实体平台建设及共享运行机制、维护和保护的专项基金制度安排等（见图3-3）。

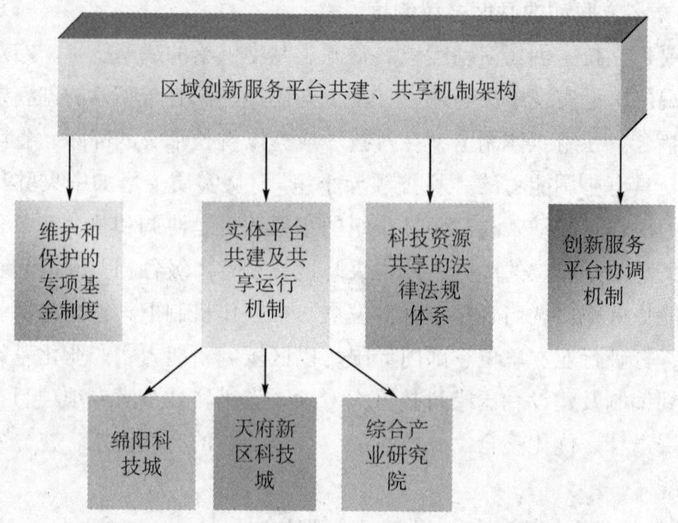

图 3-3　四川区域创新服务平台共建共享机制架构

1. 建立科技基础条件统筹、共享的平台协调机制

由四川省科技厅领导协调，建立起打破部门、行业、学院、科研单位的科技基础资源共享协调机制。

2. 制定和完善科技资源统筹、共享的法律法规

要组织专门人员对全省主要是大型仪器、自然科技资源以及科技产业化平台进行摸底调查，明确共享对象、共享方式、共享范围，参照国内外有关科技资源共享的法律、标准和规范等，建立起与国内外接轨的法规、规章及标准，规范政府、公共服务平台建设单位和使用者的责、权、利，以共享为核心带动资源的整合、建设、保护和开放，推进管理方式创新，建立和完善增量激励机制和开放机制，创造公共资源利用的公平环境，促进区域创新服务平台建设。

3. 设立共享科技资源保护和维护专项资金制度

四川科技资源基础平台共享大部分采用低价有偿使用的方式，对于信息资源和网络资源和数据资源而言，维护共享产生的费用较小，维护相对容易。但对于大型仪器、自然科技资源实物形态以及产业化平台的保存和维护，由于目前还没完全建立起面向全国的开放共享机制，本身使用率的相对较低，保存和维护较困难，有必要从科技经费中专门列支用于共享资源的保护和维护。

核实科技资源共享平台设施资产总额，根据固定资产折旧率和相关维护成本，全面预算四川共享平台设施平台每年的保护和维护成本，并分步实施，到2020 年全省基本建立起共享科技资源保护和维护专项资金，使四川的科技共

享资源能保持正常有序运行。

4. 适当引入市场化的科技中介服务机制

适当引入科技中介组织，设立市场准入和退出机制，明确其权利、义务，按市场方式运作，诚信经营，提高科技基础平台资源的整合和高效运作，打破部门、行业和区际之间的限制，促进科技基础平台资源流动。同时，设立科技中介奖励机制，促进科技中介组织的竞争和合作，不断提高服务水平。

5. 完善实物平台共建、共享机制

（1）建立和完善科学仪器共建共享机制。在现有的四川省科学仪器协作共用网的基础上，建立和健全共享的激励制度和利益保障制度，推进设施建设和大型科学仪器、设备的共享，逐步形成区域共享网络并实现与国家共享网络的连通和互动。进一步增加四川地区各大学、科研院所、国有企业的大型精密科学仪器、设备进行信息化入网管理，力争到2020年，四川重点产业和“7+3产业”的科学仪器价值在1 000万元以上的基本能实现全省开放共享，使之基本可以满足四川本地的科研分析、测试需要。

（2）建立和完善自然科技资源保护和维护的共享机制。打破部门、行业的封锁，建立自然科技资源共享专门机构比如各种博物馆等。依托温江农林现代化条件和大学相对集中的优势，考虑在光华大道两旁等地方，由四川农业大学、省林业厅、农科院、中科院成都生物研究所、中医药大学、四川中药材公司、四川大学等与政府共同出资建立专门从事自然科技资源保存共享的机构，其资源工作的核心是对资源的收集、保存、扩繁和供种，明确资源保存共享的机构及工作人员的权利和义务，力争“十二五”末基本建立起自然科技资源共享实体服务平台。同时，设立专门的共享自然科技资源保存、维护专项基金。规范共享用户的权利和义务，除自然科技资源信息网络按网络资源管理外，对于实物自然科技资源的共享，应明确共享后取得的科研成果或经济利益或知识产权与资源提供者之间的利益分配关系。

（3）制定和完善科技创新及成果产业化公共服务平台建设、开放共享机制。从全省的高度整合和建设四川科技创新和成果产业化平台，按平台服务产业的宗旨，建立相对集中的产业化专业平台。建立主要包括四川高新区、开发区以及大学科技园、大学科研院所中的大型公共实验室、行业测试分析中心（特别是生物医药、新材料、通信等重点技术领域）、生物医药中试中心、现代制造的快速成型中心、集成电路设计与培训中心、软件测评中心等创新技术平台共建共享机制。“十二五”中后期及远期重点加强和完善绵阳科技城、天府新区科学城及其工业综合产业研究院的建设和共享机制。

（三）探索创新科技财税投入体制和机制

1. 建立和完善科技投入保障机制

进一步推动省级财权向市、区级下放，促进各市区财权与事权对等，为推动市区级科技财政投入创造条件。加大科技财政投入力度，各地将进一步优化财政支出结构，压缩一般性支出，新增财力要向科技创新倾斜，优先保障科技支出，建立起科技投入增长保障机制，确保财政科技投入法定增长水平。

2. 建立和完善科技财政投入结构机制

进一步优化科技财政资金支出结构，使科技财政支出资金进一步向试验发展及应用研究倾斜；向管理、制度以及组织、商业模式等创新软实力培育和发展倾斜；向创新能力弱的区域倾斜，建立起全面创新、万众创新、大众创业的科技投入结构机制。

3. 转变科技财政激励机制方式

除公共产品供给外，由财政事后直接补贴向通过创新创业价值实现的税费减免等方式的间接激励转变，不仅可以有效地促进产业的自发竞争发展，真正培育体现以消费和市场为导向的创新行为，而且极大地减少企业与政府之间的博弈行为，有效地防止权力寻租。

4. 建立科技研发与产业化并重逐渐向产业化倾斜的科技财政投入体制

转变以研发为主的科技经费分配制度，建立以研发与转化和产业化并重、逐渐向转化和产业化倾斜的科技经费分配制度。吕久琴等学者（2011）① 实证分析得出政府对企业追加研发补助具有显著的激励作用。四川要通过技术创新工程试点方案实施，推动绵阳、广元军民融合创新示范；德阳、泸州骨干企业创新示范；攀枝花、南充技术创新联盟示范；宜宾、资阳创新人才培育示范；成都创新型城市建设示范工程的有力开展和成果产业化，推动开发型和公益性科研院所加强自身科研成果的转化和产业化，促进四川科技投入体制的转变。

5. 建立重点突出，层次分明的科技财政投入体制

科技三项经费作为公共财政，在区域创新系统建设中要逐步从竞争性项目投资中退出，集中投向为技术创新提供公共服务和能够提升四川整体竞争力的创新型领域，加强对市场失灵或低效领域（如基础研究和战略性研究项目等）的投入。四川重点是将各市区的区域创新体系及创新平台建设纳入全省科技计

---

① 吕久琴，郁丹丹. 政府科研补助与企业研发投入：挤出、替代还是激励？[J]. 中国科技论坛，2011（8）：21-26.

划，建立稳定的经费来源渠道，保证投入力度。

（1）向重点区域的创新系统倾斜。四川规划中的天府新区科学城和已经建设了十年的绵阳科技城是融“顶级科研机构、领军人才、塔尖产业、五星环境”于一体的区域创新系统的核心区。同时，成、德、绵高新技术产业带、攀西钒钛钢新材料产业集群、川南地区化工科技产业集群以及川东的白酒产业集群等是四川省过去几十年科技产业化发展的重要结晶，在四川省未来区域技术创新系统建设中具有十分重要的战略地位。为此，应以成、绵、德及天府新区为核心，以攀西、自贡、宜宾、资阳、乐山、雅安等为二圈层，以内江、南充、达州等为外沿，“十二五”及更远时期间，可按 5∶3∶2 的投入比例，建立科技投入的区域新格局，形成具有层级差异化、同层均等化的科技资源地域空间结构，促进区域创新系统核心区、次级核心区的快速形成，显著增强其辐射、扩散能力，见图 3-4。

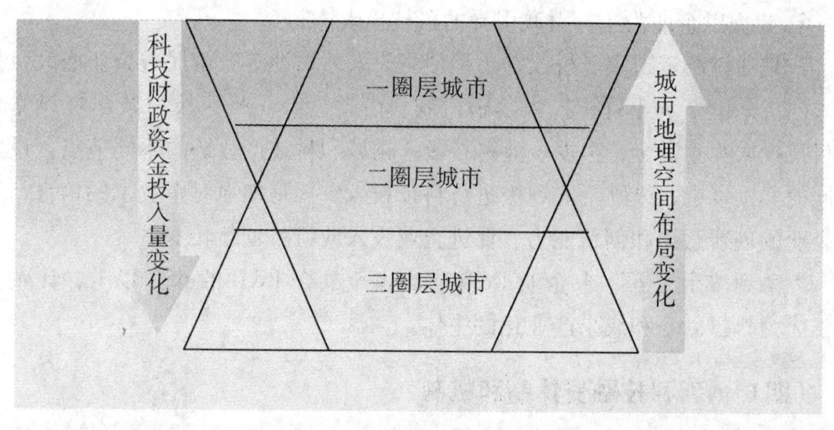

图 3-4　科技资金投入与城市地理空间分布关系示意图

（2）向重点产业的创新系统倾斜。围绕四川建设“西部经济高地”和打造“一枢纽、三中心、四基地”的战略部署，科技投入将向“7+3”战略性新兴产业和重点支柱产业的创新型产业集群的创新系统倾斜。重点支持电子信息、机械装备、新材料、能源、化工、白酒、中药、生物工程等具有自主知识产权和四川特色，并形成产业优势的高端制造业产业集群发展，提升其科技创新实力。

（3）向重点行业倾斜①。进一步增加制造业、教育以及现代农业这三类高

① 我们对 2009 年全省 17 个行业进行科技投入产出聚类分析，得出各行业的投入与产出情况，并根据各行业的特征和地位以及四川省的发展战略提出各行业的科技资源优化调整方案。

投入、高产出的科技投入（资金和人力），力争“十三五”末比“十二五”翻一番；提高科学研究、技术服务和地质勘查行业的投入产出率；加强信息传输、计算机服务和软件业以及水利、环境和公共设施管理的科技投入，力争“十三五”末的科技投入（人力和财力）达到“十二五”的2倍；适当增加对金融、居民服务和其他服务业的科技投入，增强四川在金融经营、管理和风险控制方面的自控能力和提高居民服务及其他服务业的质量水平。

（4）向重点项目倾斜。科技投入向天府新区科技创新城的建设倾斜，特别是要尽快建设具有四川特色和优势的“标志性”综合产业研究院，并围绕四川未来的重点产业、战略新兴产业，大力引进科研机构、大学以及技术研究中心和工程技术中心，推动科技资源存量和增量的聚集和整合，形成区域创新新的增长极，为四川省本地科研机构与区外科研机构的合作、交流与学习创造良好的条件。

6. 建立以企业为主、财政引导的科技投入体制

一是通过制定财政、税收、土地使用、人才培训等政策促进企业增大科技投入。二是设立企业科技投入奖励机制。由省、市（州）级财政出资设立企业科技投入奖励资金，根据企业科技投入领域和科技产业链的不同节点，设立不同的奖励资金，鼓励企业积极进行科技投入。三是加强对企业家的培育，增强企业的创新意识和创新能力，促进企业投入向科技创新转变。

力争到“十三五”末企业R&D支出占全社会R&D的65%以上，让企业真正成为科技创新和成果产业化的主体。

（四）创新科技融资体制和机制

1. 建立和完善科技财政投入放大机制

创新科技计划项目评审机制、科技型企业融资项目评审机制，充分发挥财政科技投入的引导和杠杆作用，力争“十二五”撬动科技担保（保险）贷款余额累计100亿元以上，政府引导基金规模100亿元以上。

——改变政府科技公共服务领域投资方式。进一步缩减政府直接投资建设孵化器、加速器以及产业园区基础设施建设等项目，加大政府公共服务直接投资向公共服务购买转变力度，提高购买公共服务产品的范围和力度，促进公共创新资源市场化运作。

——探索建立创新创业投资负面清单制。积极引导民间资本投向。探索建立创新投资负面清单制，充分发挥市场在资源配置中的决定性作用，进一步开放社会投资领域，使更多的社会资本参加到科技创新基础设施和公共服务平台

建设上来，激发创新创业活力。鼓励民间资本发展和设立主要投资于公共服务、生态环保、基础设施等领域的产业投资基金或集合资金以及信托计划，积极引导民间科技创新资本投入对全省科技创新具有战略意义的重点区域、重点产业和重点项目。进一步提高科技型中小企业创业投资基金份额，引导各类风险投资和社会民间资本进入科技型中小企业。着力解决天府新区、绵阳科技城等新区科技基础建设资金短缺问题。

——设立和完善科技创新财政引导基金。将有限的科技三项经费主要用于引导并鼓励基础研究、应用研究中的共性技术和关键核心技术以及四川重点相关产业和行业科技成果产业化发展。通过设立各种扶持资金、专项基金、奖励、参股、跟进投资、风险补偿、投保费等方式，放大科技财政资金功能，激励企业成为技术成果产业化投入的主体，形成以科技财政资金为引导，企业为主体，风投以及民间资本跟进的多元化科技创新与成果产业化投融资体制机制。

——设立科技成果产业化专项基金。加强科技计划和重大专项科技成果与金融资源对接。以政府资金和国家开发行资金为主，适当引入民间资金，整合设立全省科技型成果产业化基金，支持科技成果转化和产业化。其主要用于高新技术产业发展和低碳经济产业发展以及保障国家技术创新工程四川试点的项目实施。

——以科技财政资金为引导，建立和完善多层次资本市场，促进企业成为创新投入主体。通过加大财政资金资助力度，积极引导企业改制上市、发行企业债券、信托融资以及并购重组等直接融资方式；积极学习成都高新区，使成都、绵阳等地甚至全省企业能进入“新三板”市场；积极争取地方政府自行发行债券；鼓励企业设立创业投资基金。

2. 建设和完善科技创新风险保障机制

——建立和完善风险投资补偿资金制度。根据不同产业、行业和产品设立差异化的风险投资损失补偿资金，促进风险投资资金向初创和成长期企业以及产业化难度大的行业项目流动。目前重点建立国有资本风险投资机构持续的资本金补充和风险补偿机制。引导和支持重点投资科技型企业的国有风险投资机构尽快充实注册资本，达到申报国家“科技型中小企业创业引导基金”需注册资本 1 亿元的基本条件，并逐步达到国内外典型风险投资机构的资本金水平。允许符合条件的国有风险投资机构按当年总投资的 5%提取风险补偿金，增强持续投资能力与抗风险能力。国有独资的风险投资机构必须专注于支持科技型企业的发展，不得投资于流动性证券、期货、房地产业以及国家政策限制类行业。

——建立科技型企业综合信用评估工作机制。建立自主知识产权与品牌效益、信保机构对企业应收账款保障和关键交易对象的资信评估机制，创新现代金融服务科技产业发展的体制机制，逐步实现科技、产业、金融良性互动。

——创新科技保险机制。充分发挥成都科技保险试点城市优势，通过与保险公司合作，探索“银+保+担”的新模式，将小额贷款保证保险引入科技担保工作中，进一步放大财政引导和撬动功能。建立以银行、保险和担保参与的联动机制，对高新技术初次成果产业、商业化以及农业科技产品等风险大、不确定性因素多的创新产品设立保险品种，降低创新产业化的风险损失。

——加大科技贷款担保风险补偿力度。根据科技型企业和成果产业化项目的分类，设立相应的贷款担保风险补偿资金，鼓励贷款担保机构开展知识产权、订单质押贷款和科技成果产业化保险试点，扩大科技贷款担保风险补偿资金（基金）范围，加大补偿力度。

3. 优化科技金融服务体系

——加强银、科、政的合作和优化。通过银科系基金和“高投创投”打造涵盖企业初创期、成长期和成熟期的完整投资链条，吸引社会股权投资资金50亿元以上；做大做强高投担保公司，注册资本金从目前3亿元增加到5亿元以上，担保余额放大到45亿元以上，服务企业能力达到年均1 000家以上；做大做强倍特期货公司，注册资本金从目前3 500万元增加到2亿元以上，客户保证金规模达到25亿元以上；积极拓展金融类投资领域，金融资产投资规模超过50亿元；适时整合高投集团旗下金融板块股权，筹建西部领先的科技金融控股集团。

——打破贷款责任终身制，建立起真正的科技银行。改变直接在现有商业银行下设科技贷款专柜模式，探索建立由省、市、区财政以及投资银行和大企业参与的共同出资构建的科技专营机构，在科技型银行（专营机构）取消贷款责任终身制，采取贷款损失最低标准值，贷款主要投资于以技术为主的初创企业，真正构建起具有硅谷银行性质的银行机构，切实为科技型中小企业服务。进一步增加科技专营银行机构和网点。力争到“十三五”末，全省市（州）、县（区）都分布有科技专营银行机构或网点，成为支持本地科技创新及成果产业化的重要融资平台。

——建立和完善科技投融资物理平台——全力打造中国西部科技金融中心，部、省、市、区共建，打造和提升“盈创动力”品牌，到2015年建成以企业投融资信息、路演中心、新型“云资本”等平台为重点的辐射性广带动力强的示范性科技金融服务平台。

——进一步拓展多种形式的科技金融服务机构。省科技厅牵头成立科技金融促进会，进一步搭建科技金融领域的科学研究转化与咨询服务平台，以提高高新技术企业融资能力为主要服务目标，加强政策与应用研究。

4. 建立和完善科技金融产品监管及评价机制

不断创新金融产品，积极发展众筹、P2P、P2B 等互联网贷款金融产品，着力加强互联网金融监管机制建立；进一步完善专利质押、科技保险等金融产品的评估机制，着力解决小微企业融资难问题。

（五）建立和完善多种类型的协同创新机制

“产、学、研”联盟是促进科技与产业、科技与市场、科技与金融和科技与政府导向紧密结合的有效形式，“产、学、研”联盟缩短了技术成果市场化的时间，降低了收寻成本和市场风险，是解决科技与经济“两张皮”的有效组织形式。四川要加快建设类型多样、功能完整、组织严密、高效运行的“产、学、研”联盟组织，力争到“十三五”末建立起省级及以上“产、学、研”技术创新联盟 300 个，基本覆盖四川的重点产业和战略新兴产业和行业。

1. 探索建立军民融合联盟机制

绵阳市作为全国唯一以科技城命名的城市，应按照绵阳科技城建设“五个地”（科技创新策源地、军民融合示范地、科技成果集散地、创新人才汇聚地、高新产业集中地）的要求，突破军工和民用的体制障碍，建立军民融合的体制机制。一是创新军民融合发展组织领导体制。军地联合建立军民融合推进委员会，将中物院、29 基地、624、西科大等央属军工科研院所、大学、大企业等作为科技城管委会成员，形成“军、产、学、研、政”共同参与科技城的建设和发展，推动“产、学、研”联盟的深层次发展。二是建立军民融合促进机制。按照“共同规划、共同投资、共担责任”的原则，军地共同编制和实施《科技城科技创新规划》等专项规划。并建设促进军民两用科技资源协调配置的会商制度。鼓励军地双方通过交流挂职、短期工作、项目合作等方式培养人才。三是建立军民融合利益共享机制，支持国防科研院所、高等学校和企业联合共建研发平台，联合培育新型产业组织，实现互利共赢。通过联盟打破军民分割、资源分散的科技管理体制问题。四是建立公开、透明的军民两用技术双向转化清单制。在完善绵阳的军民融合的“三大机制”基础上，强化对现有比照中关村试点政策的落实，着重构建军民技术双向转化清单制。充分利用绵阳科技城军民融合国家级示范区的牌子，向中央申请由国防科工部、科技部和国家知识产权局等以绵阳科技城为起点，厘清或明确可转移的技术、专利的种类、范围以及程度，着力构建军转民技术转移正面清单或负面清单，为军民两用技术流转提供政策法律支持。

2. 进一步完善院地联盟机制

学习、借鉴和推广中科院成都分院对四川在区域创新能力、重点项目、创新平台建设、成果对接、决策咨询、人才交流以及人才培养等方面成功对接合作的经验，进一步完善院地联盟机制，大力推进央属科研机构与四川省(市)、大学、科研机构以及企业在项目申报、平台建设、决策咨询、人才交流和人才培养等方面的合作联盟，建立起利益共享、风险共担的院地联盟机制。

3. 探索建立“产、学、研、政、资、介、用”七位一体的联盟机制

根据四川重点行业和产业发展的需要，在军民融合、院地结合、校企合作、企企合作、研企合作、校研企联合过程中，特别是对四川具有重大战略意义的天府新区科学城、绵阳科技城的建设以及重大科技专项的实施过程中，大胆探索建立以资金、产权为纽带，以企业为核心、大学与科技机构为支撑、政府推动、资本铺路、中介参与、领先型用户引导的“七位一体”的联盟机制(见第四章)，强力聚集从科技项目申报—科技成果取得—成果产业化全过程所需的全部要素，建立一种具有较强稳定性的科技产业链，形成高层次、高效率、循环互动的综合性产业联盟。

（六）建立科学、高效的科技项目监督机制

1. 建立科研项目全过程跟踪机制

对科研项目和课题，包括国家、省级和市级重大项目、专项项目（涉及从研发、开发到产业化）全过程的所有项目和课题的立项、管理、监督等各个环节进行现场考察；转变以前重科研项目立项向立项、管理、审计、监察全程跟踪管理，建立起信息公开透明、廉洁高效的监督机制。

2. 完善科技项目评价制度

——建立第三方独立评估机制，对重大项目立项、中试以及产业化项目进行独立评估。

——建立信用等级与科技项目挂钩的管理制度。加强四川的大学、科研机构、企业的科技人员、企业家（职业经理人）、专家在内的全省科技信用征信系统建设，建立信用等级与科技项目挂钩的科技项目管理制度。

——建立和完善科研成果转化与产业化评价体系。建立从只注重GDP向GDP、就业、生态效益、投入产出率以及低能耗等并重的多元化评价体系。

3. 建立项目与经费同步评审的制度

项目概算、课题预算的编制是国家科技计划经费管理的重要环节，是项目概算咨询评议、课题预算评审评估和项目课题预算安排的重要依据。为进一步加强四川科技计划项目和专项经费的管理工作，强化科技计划项目和专项经费使用单位和科研人员遵守财经纪律的意识，建立健全以项目概算咨询评议、课题预算评审评估和项目课题预算安排为重点的全科技计划项目和课题预算评审管理制度，规范使用科技经费，提高资金使用效率。

（七）建立和完善人才队伍建设机制

1. 建立和完善"人才第一资源"支撑"第一要务"的组织保障机制

把人才资源的培育和开发利用作为推动四川创新驱动转型升级发展的强劲动力，用"第一资源"支撑"第一要务"。

——建立较高规格的领导机构，构建省委、省政府、省组织部门三个"一把手"抓"第一资源"的工作格局，把人才资源作为"第一资源"来培育和挖掘。

——建立人才指标地方发展考核体系。以培育西部"创新创业人才"高地为目标，着力推进万众创新大众创业，把人才工作纳入四川省一把手考核，把人才指标纳入四川地方发展指标之中，深化四川人才引进和培育战略。

——制定人才发展专项财政资金保护机制。在四川省《"十三五"人才发展规划纲要》中进一步完善创新人才发展体制机制，确保省、市（州）、县三级人才发展专项资金不低于本级财政一般预算收入的3%。同时，逐步改善经济社会发展的要素投入结构，不断提高人力资本投资占GDP比重，预计5年提高4个百分点。

2. 深化科技体制改革，重构利益共享机制

深化体制机制改革，打破行政壁垒，建立合理的利益分配机制、共享机制和流动机制，着力推动高端创新创业人才开发利用。

——进一步深化职务发明人"三权"改革和落实，构建合理的利益分配机制。鼓励科研院所、大学科研人员加快推动科研成果转化，促进科研人员转型升级成为高端创新创业人才，着力提高四川人才开发利用率。

——构建和完善企业与高校院所联合培养创新创业人才互动机制。一是鼓励在高校和科研机构中设立面向企业的客座研究员岗位，选聘企业专家担任兼职教授或研究员。二是支持企业为高等院校和职业院校建立学生实习、实训基地；三是积极扶持企业与高校和科研机构合作共建工程技术中心、工程研究中

心、博士后工作站、企业大学和重点实验室等创新载体，组成技术创新联盟，联合展开重点学科建设，合作培养硕士、博士、博士后和互派高级人才任职。

——深化军民融合体制改革，充分促进军工和国防科研人员服务地方经济。一是建立军工科研人员“双肩挑”制度，明确在许可民用化领域的科研人员在保持原有岗位的同时，下海创新创业。二是共享人才资源，整合收集企业技术需求，进一步扩大绵阳九院等人才共享的模式，在更大的范围推动军工科研人员服务地方企业发展的需要。

——构建人才全球共享机制，促进全球高端人才充分流动，高效利用。树立人才全球共享的理念，通过提供科研资助、合作研究、学术和讲学等各种形式邀请外国专家学者到川从事研究工作，通过聘用机制实现高端人才的国际开发与利用。改革高端人才必须定居在川一段时间（6 个月限制），充分利用互联网、搭建虚拟全球人才共享开发平台，按人才的贡献为标准，构建起全球高端人才服务四川经济发展的人才共享平台体系。鼓励与中科院等省外科研机构建创新研究中心等；鼓励成德绵高端人才密集区与省内其他市（州）通过共同开发项目、建科研院所和工业技术研究院等形式，促进四川高端人才共享和充分利用，自由流动。

3. 创新激励机制，充分激发人才活力

——制定和完善人才引进激励机制。根据引进人才的地域、国别的激励政策和带科技项目技术的经济价值、技术的先进性和产业的带动性等，建立高端个人在 50 万~150 万元、团队从 1 000 万~5 000 万元奖励的差异化激励机制，并分次支付给高端人才或团队中。同时，对条件成熟的科技项目，探索引进人才的股权激励模式，建立长效机制。

——建立和完善培育企业家的激励机制。鼓励企业将年薪与利润分享、养老保险与技术入股、期股、风险投资等结合起来，探索岗位工资、绩效奖励、特殊贡献奖励股权、补充养老保险等多元分配激励机制；在四川杰出创新人才奖、四川省有突出贡献的优秀专家评选中，加大对优秀企业家的倾斜力度；实施大企业大集团上台阶奖和企业经济效益优质奖，加大对年营业收入或经营效益上（跨）台阶培育企业的领军人物的奖励力度。

——建立专业技术人才的激励机制。加快中关村 6 项政策在全国推广中的研发费用加计扣除政策在四川创新创业主体中的实施和落地。企业开发新技术、新产品、新工艺发生的研发开发费用，未形成无形资产计入当期损益的，在按照规定据实扣除的基础上，按研发开发费用的 50%加计扣除，形成无形资产的，按照无形资产成本的 150%摊销，鼓励专业技术人才在国家没有明确限制的领域投资创业；专业技术人才从事自然科学领域的技术开发、技术转让业务和与之相关的技术咨询、技术服务业务取得的收入，依法免征营业税。

——建立“四川高端创新创业人才驿站”。建立“四川人才驿站”，提供一定数额的行政和事业编制，给予2年的缓冲期，缓解部分用人单位因没有空编而造成的中高端人才流失问题；打破行政、事业单位与企业单位人员流动不对称问题，建立起行政、事业、企业人才平等的进出机制，鼓励企业高层次人才到行政事业单位工作。

（八）构建和完善区域协同创新利益主体协调（商）的多层次治理机制

1. 构建跨行政区界限的区域协调组织机构

在目前的市长联席会议制和绵阳科博会的基础上，积极构建包括省（部）市甚至区各级政府部门、企业部门、社会中介等共同参与的沟通协调机构，包括决策、执行、监督机构等，为区域协同创新提供组织保障。重点加快天府新区统筹发展的协商（调）领导机构以及成都平原经济先导区8市共建协同创新的组织机构的组建。

2. 建立有利于公平、平等的协同创新利益协调机制

无论是天府新区还是成都平原经济区等大区还是小区建立跨行政边界的协调机构，都要最大化实现治理权力的非中心性和非层级性、参与行为主体地位的平等性和非隶属性，解决不同层次、不同类型的区域合作问题。

3. 健全多层治理机制的相关法律和制度

加快天府新区以及成都平原区创新驱动先导区等区域相关法律制度建设，着力在目前七大区域合作协议框架上，借鉴深圳以及中关村等，建立《成都平原经济区创新驱动发展先导区条例》《天府新区条例》。重点要合理界定各利益主体及其所协调的范围、区域协调的总体规划与进度、区域协调发展基金的来源及其使用标准、专门的区域合作协调与促进机构的职责与任务、区域协调效果的评判与纠正等规范性的法律和制度，有效保障区域利益协调作用的发挥。

五、保障措施

（一）组织保障

1. 高度重视

各级领导要充分认识到深化四川科技体制改革，推进区域创新体系建设对四川经济、社会和科技发展的关键作用，将四川区域创新体系建设作为四川科技工作的一项中心任务来抓，切实加强和改进对创新工作的领导。要将深化四川科技体制改革，推进区域创新体系建设作为各级党委、政府工作的考核目标。积极探索在新的机遇与挑战下进行科技体制改革创新的路径，实现区域创新资源的优化配置、有效整合、集成转化。

2. 统一领导

为加强四川区域创新体系建设的组织领导，由四川省科技厅领导小组负责四川省区域创新体系建设工作的全面领导和整体协调。并设立若干专项工作小组，具体负责落实和组织实施四川科技体制改进任务的推进；同时成立专家咨询委员会，实行科技智囊团专家评估认定制，在四川省区域创新体系建设的每一个环节认真把关，为省委、省政府的重大决策提供决策支持。

3. 全面协调

科技体制改革是一个全方面的问题，涉及产业、行业、部门以及科研机构，等等，要全面协调各方的利益，逐步建立部门之间统筹配置科技资源的协调机制，充分发省、市、县各部门及政府在计划管理和项目实施管理中的作用。加快四川科技行政管理部门职能转变，推进依法行政，提高宏观管理能力和服务水平。同时要把科技体制改革和区域创新体系建设纳入四川社会经济规划的总体布局中。

（二）人才保障

要紧紧围绕四川六大高新技术领域及改造提升特色优势传统产业，统筹推进各类科技人才队伍建设。重点是深入实施“天府英才计划”和引进海内外“千人”计划，培育高端人才和领军人才；以改造提升特色优势传统产业、提高现代服务业水平和加强科技成果推广应用为导向，造就专业化工程技术人才队伍；依托“省青年科技基金”“四川省科技创新苗子工程”和各类科技计划，积极培育大批青年科技英才；在重点战略性产业中，依托承担重大科技专项、重大科技计划项目研究开发的骨干企业、牵头高校和科研机构，重点打造一批科技创新团队；加大对四川的基础教育支出，着力培育高素质全民人力资源。

（三）资金保障

1. 提高政府的科技投入

依法落实财政科技经费的投入，适时加大财政科技投入占公共财政支出的比例，保证财政用于科技经费的增长幅度明显高于财政经常性收入的增长幅度，力争到 2020 年科技财政支出比占财政支出比达到 3%，各市州都超过 2. 0%，成、德、绵、攀要超过 4. 5%，达到全国目前的平均水平，建立起财政支出向科技倾斜有利于激励万众创新和大众创新产业的财政支出机制。

2. 提高政府科技资金的投入效率

一是要调整财政资金在 R&D 投入结构和方式，确保科技财政资金在促进基础研究和应用研究的基础上，进一步向试验发展转移。二是要提高科技财政资金的使用效率，确保科技财政经费能尽量用于科技计划项目本身。三是建立全省统一的科研经费管理评价制度。

3. 增强财政资金的引导和放大功能

一是低成本有偿使用。除国家和四川重点支持的前沿、高端产业的研究、中试以及作为种子资金跟进投资等无偿使用外，大部分科技财政资金应按公共财政原则进行有偿使用，并制定科技计划经费使用的相关管理办法。二是放大比例。目前四川财政资金用于科技活动支出的比例小，扶持力度所撬动的社会资本总量较小，应加大财政资金对各项专项资金补助的扶持力度，力争达到 4%以上，并要不断增加中小企业创新基金、创业投资引导资金和担保资金等的注入，扩大中小企业创新基金、种子资金、创业投资引导资金规模。另外要调整优化各项专项资金用途。各种专项资金及种子资金在企业初创期应以贴息、贴费、风险补助、奖励以及参股为主，只有国家重点支持、具有影响国家全局意义的项目在初创期采取无偿使用，以充分发挥财政资金的引导、吸引、放大功能，力争财政资金的放大功能达到 1 : 8 以上。

4. 吸引更多的社会资金投入

建立、企业、科研机构、金融机构定期联系制度；鼓励和支持建立面向科技型中小企业的金融服务体系，在全省范围特别是科技园区和高新区内推行建立科技专营银行，主要针对初期创新创业科研人员和企业；进一步做大做强四川中小企业金融超市和成都高新区盈创动力，增强其融资功能和服务功能，使之成为四川投融资领头羊。完善科技风险投资机制，吸引更多的民间资金和境外风险资金在四川特别是成都和绵阳等地开展风险投资活动，更充分地利用国内外资本市场；积极发展天使投资，建立天使投资文化沙龙和天使投资信息网，建立天使投资的投入与退出机制，推动民间资本、个人资本与技术成果的对接。积极搭建科技成果与资金对接峰会等，力争在全省范围内每年举办10次以上，鼓励企业和科研人员到省外参加投融资洽谈会等。在全省范围内开展培训项目商业企划案（书），增强企业项目的成功率；规范企业上市股东行为，建立起公开、公平、诚信的融资环境。

（四）政策保障

进一步落实国家自主创新成果产业化政策和国家中长期科技规划配套政策中的60多项政策以及《四川省人民政府关于加强自主创新促进高新技术产业发展若干政策》。做好高新技术企业税收优惠、企业研究开发费加计抵扣政策。进一步贯彻落实自主创新产品优先采购等政策。在国家和地方政府投资的重点工程中，国产设备采购比例一般不得低于总价值的80%。不按要求采购自主创新产品的，财政部门不予支持。强制执行国家重大建设项目以及其他使用财政性资金采购重大装备和产品的项目，有关部门应将承诺采购自主创新产品作为申报立项的条件，并明确采购自主创新产品的具体要求。制定和落实适当放宽和降低中小企业用电、用地和公共平台使用费等支持政策。

（五）环境保障

1. 改善知识产权保护环境

深入实施《知识产权纲要》，提高创造、保护知识产权的能力和运用知识产权实现自我发展的能力；建立和完善知识产权服务体系，促进自主创新成果的知识产权化、商品化、产业化；加大对知识产权的保护力度，保护发明创造者的合法权益。依法积极解决知识产权纠纷，创新类企业要设立知识产权管理专职人员。

2. 优化科技研究服务环境

对高新技术和产品申请专利予以支持，对取得国内外发明专利的申请费用给予重点资助。支持企业利用专利审查绿色通道，加快其核心技术和关键部件的专利审查。支持重点高新技术企业建立专业专利文献数据库。支持重要技术标准研究，对参与国家标准制定、修订的企业予以政府补助。

第四章 四川科技资源整合模式研究

一、研究背景及内容简介

当今，科技资源已成为一个国家和地区的重要战略性资源。而信息化、网络化以及云计算等技术迅猛发展给全球科技资源的挖掘、整合、利用带来了前所未有的契机。世界各国都把整合国内外、军民两用、部门与地区间科技资源作为重要的科技管理创新战略，并通过建立科技基础条件共建共享平台、科技成果转化平台（基地）和高科技产业园区等作为推动科技资源整合的有效形式和促进科技与经济结合的主要手段。

近十余年来，我国已开始探索从科技投入政策、科研机构改革、人才队伍建设、基础设施条件平台和科研基地建设、管理体制和协作与共享机制、国际合作与交流等方面对科技资源进行整合，并取得了一定成效，形成了以科技基础条件平台为重点整合的北京模式，以企业为核心的“产、学、研”整合的江苏模式，以公共服务平台建设为重点整合的上海模式等。

四川是科技资源大省，科技资源列西部第一、全国前十。从 20 世纪 80 年代开始探索科技体制改革以来，在军民融合、“产、学、研”联盟、科技基础条件平台共建共享、“厅、市（州）”联合和国际合作与交流等方面推动科技资源的整合，取得了明显成效。特别是绵阳科技城、成都高新区作为科技资源整合的典范，在全国都具有较强的影响力。但是，由于多种因素的影响，四川科技资源“两强两弱，一多一少”（中央在川单位强、军工强，地方弱、企业弱，科研成果多、转化少）的局面没有得到根本改变，省、市（州）、县（区）间和区内行业以及部门间科技资源不平衡特征突出，科技资源过度集中和过度分散并存，区域科研成果转化率偏低，科技对经济的拉动作用不大。

"十二五"中后期及更远时期，是四川全面实施"三大战略""三大工程"[①]的关键时期，也是四川着力规划建设天府新区、推动成渝经济区战略合作、促进科技资源整合的重要时期，如何进一步整合全省科技资源，优化科技资源配置，提高科技资源利用效率，对于提高四川自主创新能力，加快科技成果转化，促进产业结构调整升级，转变经济发展方式，实现科学发展、又好又快发展，建设国家创新型试点省份具有十分重要的现实意义。

二、科技资源整合模式相关概念及理论基础

科技资源是创新资源最重要的组成部分，学者们对创新资源配置的研究主要在于科技资源的研究，研究内容主要涉及科技资源的内涵以及科技资源配置的概念、模式、效率等。

（一）科技资源及整合的内涵

1. 科技资源的内涵

科技资源是科学技术活动中最重要的基础性条件，它是科技创新的基础，具有稀缺性、需求性和选择性等特点。一般情况下，人们习惯将科技资源分为科技人力资源、物力资源和财力资源三大类。但是随着市场经济的发展，市场、信息和制度环境等因素也日益成为促进创新和成果产业化的重要科技资源。于锦荣等[②]把科技资源分为科技人力资源、科技财力资源、科技物力资源、科技技术资源、科技制度资源和科技环境资源等六大类（见图 4-1）。

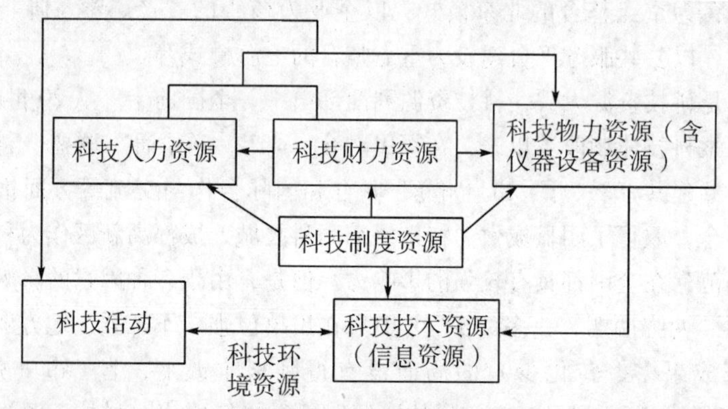

图 4-1　科技资源相互作用关系图

① "三大工程"即重大科技成果转化、国家技术创新工程试点，战略性新兴产品培育。

② 于锦荣，黄蕾．中部地区科技资源配置路径的优化研究［J］．科学管理研究，2012（2）：48.

科技活动就是在这六类科技资源的相互作用下开展的。科技人力资源、科技财力资源、科技物力资源和科技技术资源的规模、数量和结构都受制于科技制度资源；科技技术资源（包括科技专利成果、科技论文、标准等科技产出资源）则受信息资源数量和区域（国家）科技活动开展情况的影响；科技制度资源、科技人力资源、科技财力资源、科技物力资源及科技技术资源共同影响着区域科技文化，这是科技活动得以顺利完成和实现的客观条件。不过研究视角不同，对资源要素选择的重点不同，应主要针对人力、物力和财力这三大投入要素（资源）以及科技技术资源进行定量评价，市场、制度和信息环境等从定性方面进行描述评价。

2. 科技资源整合的概念

整合就是将分散或过度集中垄断的要素通过集聚、重组、转移、合并等方式，最后形成有效率的整体，共享和共用则是整合的最高境界。科技资源整合是指在特定的区域、空间和时间范围内，以市场机制为基础，政府为引导，合理利用和科学有效配置人力、财力、物力、信息、组织等科技资源，增强各要素之间的关联程度，使之在市场竞争过程中动态调节、相互补充、相互作用、相互协调，从而达到优化配置状态，产生整体聚合能动效应。科技资源整合属于管理创新和制度创新的范畴，因此科技资源整合过程也是科技资源集成创新的过程。

3. 区域科技资源整合的概念

区域科技资源整合是指在充分发挥市场这种无形力量配置资源作用的同时，通过政府及创新主体对科技创新机制和创新环境进行有意识的理性设计和培育，促进区域内不同科技创新资源的高效结合，激发这些资源形成系统的创新力量，从而提高各种活动的创新绩效，增强系统协作功能。

科技资源整合是科技创新资源配置的一种方式，是科技创新资源配置的高级形态。整合并不等于兼并，也不同于物理上的合并，而是互通有无，相互补充与完善，实现双赢和多赢的一种联合。区域科技创新资源整合，一方面使已有的资源得到充分利用，另一方面应使各类资源相互补充，通过系统的集成产生更大效用，使各类资源实现高效合作与共享。显然区域科技资源整合的关键和目的是要实现科技资源有效配置和高效利用，增强科技资源投入产出能力，促进区域协调发展。

（二）科技资源配置及模式

科技资源配置是指各类科技资源在不同科技活动主体、领域、空间、时间上的分配和使用过程。科技资源的配置方式主要集中在配置规模、配置结构和配置模式3个方面。科技资源配置规模和结构指在不同区域、领域和方向分配科技资源要素的总量和比例关系。而科技资源配置模式主要指科技资源要素规划与结构形成的具体模式。科技资配置模式研究的主要观点有：计划模式、市场模式以及计划与市场相结合的混合模式三种，而越来越多的学者倾向于以市场配置为主、政府配置为辅的混合模式观点，学者们均强调政府在科技资源配置过程中的重要作用①。因为，科技资源配置过程中存在的专利悖论、信息悖论、契约悖论、市场悖论、产权悖论和机制悖论等若干无效率现象，单纯的市场配置不可能达到最优状态。同时，信息不对称和政府固有的公共服务职能决定了政府配置科技资源效率的有限性。因此，科技资源要转化为现实生产力，必须以市场配置为主，政府从宏观上加以保护和引导，形成合理的科技资源布局，才能促进科技资源的功能有效发挥。

另外，科技本身是把双刃剑，社会需要对科技的选择也是推进科技资源有效配置的一股力量，并影响和决定科技发展的速度和方向。

可见，科技资源配置是在社会需要的前提下，市场主导、政府引导推进的，其配置能力受社会的制度、机制以及组织管理、伦理等社会外在条件约束。

（三）科技资源整合模式

国内对科技创新资源的整合模式研究涉及国家层面、区域层面、行业层面以及企业层面，不过国家层面研究得比较多，而对于区域科技资源整合研究还比较少，从现有文献看，主要观点有以下几种：

吴建南等（2006）将科技资源整合模式划分为大学资源开放模式、孵化器整合资源模式、行业资源集聚模式以及政府下设中介机构整合资源模式②，这种划分是从科技资源整合主体和供给主体的划分标准不同来研究科技资源整合模式；乔冬梅和杨舰（2007）③ 等提出利用区域科技计划整合中央与地方科技资源的具体措施，是从资源的隶属关系来谈整合模式；刘丹鹤和杨舰（2007）④ 认为科技资源整合模式有“官、产、学、研”联盟模式、技术与资

---

① 赵光德. 创新资源整合相关理论综述［J］. 经济研究导刊，2008（8）：25.

② 吴建南，卢攀辉，孟凡蓉. 地方政府对科技资源整合模式的选择与应用分析［J］. 科学学与科学技术管理，2006（9）：132-136.

③ 乔冬梅，杨舰，李正风. 区域科技计划中的中央与地方科技资源整合［J］. 2007（10）：45-49.

④ 刘丹鹤，杨舰. 区域科技投入指南与科技资源整合机制——以北京市为例［J］. 中国科技论坛，2007（8）：69-83.

本联盟模式、资本与产业联盟模式和跨区域联盟模式四种，这种划分是从科技创新主体、科技资源要素以及空间等多视角进行研究；钟荣丙（2006）[①] 则认为地方科技资源整合的模式分为：微观模式——企业、高校、科研院所间的自愿结盟，主要表现形式为虚拟企业、企业联盟、“产、学、研”联合；中观模式——行业内或行业间的科技资源整合，主要表现形式为：大型工业实验室、虚拟实验室、工程研究中心、虚拟科学研究中心等；宏观模式（区域）——当地政府搭建一个大型的科技活动平台，达到整合社会科技资源目的，这是从科技资源的点、线、面进行研究。另外，学者研究较多的还有军民融合模式，该模式由国家政治经济发展战略决定。

总之，科技资源整合有的从空间、有的从科技资源供给主体、有的从科技资源要素、有的从行业、有的从创新价值链，甚至多角度来同时研究。而科技资源整合本身是一个系统的、复杂的问题，由于科技资源整合视角不同，地方科技资源特点不同，加之地方科技经济发展阶段和目标取向的差异，决定了不同区域科技资源整合模式选择有所不同。因此，各地方区域科技资源整合模式应根据地方科技经济发展规划并兼顾国家发展战略，有针对性、有重点地选择适宜本地区发展的科技资源整合模式，促进地方科技资源的有效配置和高效利用，实现科技与经济紧密结合，带动地方经济持续、快速、健康发展。

三、四川科技资源的现状及特点

（一）四川科技资源的现状

“三线”建设时期，四川成都、绵阳、德阳、宜宾等布局了大量的央属军工科研院所，科技资源较丰富。截至 2013 年，四川科研机构达到 1 650 个（不含科技中介机构等），高等院校 114 所；省级及以上国家重点实验室 102 个、工程技术（研究）中心 136 个[②]；拥有两院院士 59 人，科技活动人员 32.08 万人，地方属企事业单位拥有专业技术人员 112.77 万人。“2009—2013 年”获国家级科技奖累计 153 项，科技论文（SCI、EI、ISTP）4.88 万篇，专利批准量 16.92 万件[③]，科技资源总量位居西部第一，全国前 10 位。

① 钟荣丙. 整合科技资源，促进地方科技发展［J］. 技术经济，2006（7）：20.

② 《四川省科技基础信息手册（2014）》2009—2013 年累计数。

③ 根据《四川省科技统计年鉴 2014 年》整理，科技论文为 2009—2012 年累计数。

（二）四川科技资源的特点

1. 科技资源投入持续增长，但强度不够

从我国提出建设创新型国家，并开展创新等一系列活动以来，科技投入大大增强，四川省也加强了科技资源的培育和投入力度。2001—2013 年，四川省科技组织、人力、物力资源均有较大增长。其中，科技机构、科技活动人员、科技经费筹集总额分别增长 4.31%、5.59%、18.00%。2013 年与 2006 年相比，这三项指标分别增长 4.48%、7.54%、18.73%。到 2013 年，四川研究机构数达 1 759 个，是 2001 年的 1.66 倍，其中，企业有研究机构 1 123 个、科研院所有 169 个、高等院校有 411 个；科技活动人员 32.08 万人、R&D 全时当量 10.97 万人/年，分别是 2001 年的 1.92 倍、2.28 倍；科技经费筹集总额 911.00 亿元，是 2001 年的 7.28 倍，详见表 4-1。就科技人力资源与物力投入情况看，物力投入增长速度更快，主要在于科技人才培养是个缓慢和长期的过程，吸引和留住人才的环境还有待优化。

表 4-1　　2001—2013 年四川科技资源增长变动趋势

年度	科技活动人员（万人）		研究机构（个）	科技资源筹集总额（亿元）	研发经费内部支出（亿元）
	总数	R&D 全时当量（万人/年）			
2001	16.7	4.82	1 060	125.08	57.47
2002	17.68	6.13	1 027	142.33	61.92
2003	17.27	5.79	1 004	161.16	79.42
2004	17.86	6.02	1 266	182.78	78.01
2005	18.16	6.57	1 271	238.16	96.25
2006	19.29	6.79	1 294	273.87	107.57
2007	20.94	7.85	1 384	308.09	139.11
2008	22.49	8.76	1 640	367.87	162.26
2009	27.95	8.59	1 461	476.55	214.45
2010	27.61	8.38	1 546	632.01	264.27
2011	28.5	8.25		653.55	294.1
2012	31.03	9.8	1 628	779.66	350.85
2013	32.08	10.97	1 759	911.11	399.97

表4-1(续)

年度	科技活动人员（万人）		研究机构（个）	科技资源筹集总额（亿元）	研发经费内部支出（亿元）
	总数	R&D 全时当量（万人/年）			
2006—2013年均增长率(%)	7.54	7.09	4.48	18.73	20.64
2001—2013年均增长率(%)	5.59	7.09	4.31	18.00	17.55

注：表中数据根据《四川统计年鉴（2009）》与《四川科技统计年鉴（2010）》《四川科技统计年鉴（2013）》整理，由于《2010年四川统计年鉴》的科技统计指标已有变化，不再有科技经费筹集总额，因此2010—2013年数据是历年科技研发经费支出总额占科技经费筹集的占比并取平均及和最大可能值平均而得，主要是考虑了四川经济发展企稳回升，科研投入能力增强。2010年科技机构数由1 461个突增到2 549个，是因为科技中介机构包括在内，为使数据更严谨，这里作了扣除，因为2011年科技机构数只有1 550个。

尽管四川科技财力投入绝对增长迅速，年均增速达到18%，但相对却比较缓慢。2000—2004年四川R&D研发强度①高于全国平均水平，之后到2013年一直低于全国平均水平，2005—2008年几乎停滞，到2010年，四川研发强度达到1.54%，仍比全国低0.22个百分点，而在此期间四川GDP增速达到18.14%，比全国17.0%高出一个百分点②，此指标“十二五”前三年又有所下降（见图4-2）。“十五”四川研发投入强度高于全国水平，“十一五”低于全国平均水平，“十二五”则差距越来越大，真实反映了四川经济发展迅速，国内生产总值增长较快，但R&D投入强度明显不足的现状，有待进一步增强四川科技研发投入。

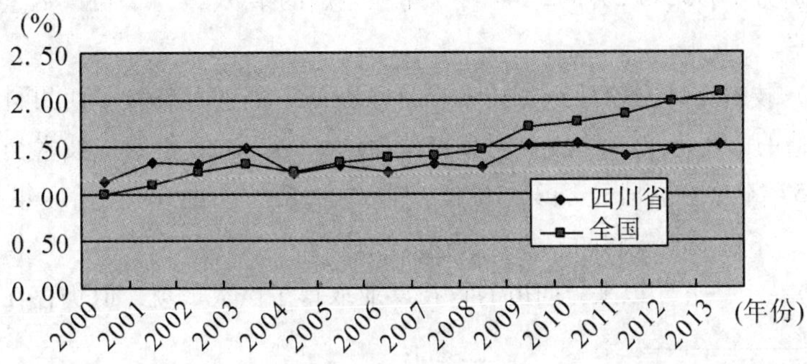

图4-2 2000—2013年四川与全国研发投入强度变化比较

① 研发经费内部支出占GDP的比值即研发强度是世界各国和国际组织评价科技实力的首选指标。

② 数据来源于《四川统计年鉴》和《中国统计年鉴》（2001—2014）以及《中国科技统计年鉴（2014）》。

2. 科技产出成倍增长，专利数位居全国前列①

国家级重大成果突出。"十一五"期间，全省累计登记省部级以上重大科技成果2 957项，占全国的1.6%，其中省科技进步奖1 228项、国家级奖累计127项，分别占全国的7.34%和5%。"十二五"前三年累计登记省部级以上重大科技成果3 646项，超过"十一五"总量；国家级奖累计94项，比"十一五"平均每年增加5项。重大科技成果为经济社会发展提供了有力支撑，也成为创新型四川建设中的一道亮丽风景。

（1）专利数居全国前列，质量不断提升。专利数量是反映一国或省（市、区）科技产出能力的重要指标。2013年四川专利申请量和授权量达到8.24万件和4.62万件，位居全国的第6位、第8位。是"十五末"的7.92倍和10.02倍，增速达到30%。从专利质量来看，2010年四川发明专利仅占6.84%，全国为10.77%，相差近四个百分点，说明四川专利档次不是很高，整体竞争力不强（从技术交易额也可以说明），但是"十二五"以来，四川专利的质量和竞争力与全国的差距越来越小，2013年发明专利占专利总数达到9.89%，比全国平均水平11.68%低1.79个百分点②。因此四川应继续高举创新驱动发展的旗帜，进一步加强产业产品核心技术和关键技术的攻克，增强自主创新能力，提高专利的质量和档次，力争2017年达到全国平均水平，努力实现跨越式发展。

（2）具有国际影响力的科技论文数量位居全国中上水平。学术论文也是科技产出成果的重要体现形式。2012年科技论文SCI、EI、CPCI-S③三项收录四川分别为6 495、5 204、2 147件，排在全国的第9、9、12位，数量居全国中上水平。

（3）技术交易比较活跃。技术交易额在一定程度上反映了四川科技直接产出创造的市场价值，反映专利直接价值的大小。2013年四川技术交易额达到148.57亿元，位居全国第10位，是"十五"末的7.79倍，年均增长28.57%，不过低于专利的授权增长速度和倍数。

（4）"十一五"以来，四川的科技事业取得了巨大成就，但仍存在不少问

① 数据来源：四川统计年鉴（2011）、全国"十一五"经济社会发展成就系列报告之十五：科技发展成果［EB/OL］. http://www.stats.gov.cn/tjfx/ztfx/sywcj/t20110311_402709774.htm；中国统计信息网，2011-03-11 10:00:50.

② 数据来源：《中国科技统计年鉴（2014）》。

③ 《科学引文索引（SCI）》《工程索引（EI）》《科学技术会议录索引（ISTP）》是三种国际上较有影响的主要检索工具，2009年ISTP改为CPCI-S。

题，科技成果重量级产出不够，创新市场价值实现不高。当今世界，科学技术已成为引领经济发展和人类文明进步的主要动力，必须举全省之力进一步提升四川自主创新能力，加快科技成果转化，提升科技对经济的支撑作用（见表 4-2）。

表 4-2　　2005—2013 年四川科技产出增长变化情况

	2005	2010	2013	增长速度(%)	倍数
专利申请数（件）	10 567	40 230	82 453	29.28	7.8
专利授权数（件）	4 606	32 212	46 171	33.39	10.02
技术交易额(流出地)(亿元)	19.08	54.73	148.57	29.24	7.79
SCI、EI、ISTP 收录论文（篇）	5 193	10 058	13 846	13.04	2.67

数据来源：根据《中国科技统计年鉴（2014)》计算整理。

3. 科技资源流动性加大，企业集聚水平快速提高

随着我国研究与开发机构转制的不断深入改革和以企业为创新主体的政策导向，科技资源分配方式和投入主体发生较大改变，科技资源快速向企业流动。

从科技经费筹集看，国有应用类科研院所改制以来，四川科技经费来源于企业的比例便不断增大，2004 年科技经费来源于企业的已超过总额的 50%，并在以后年度保持较平稳的资金结构水平，2008 年科技投入资金来源结构中，企业、政府、事业单位、金融机构、国外资金、其他资金分别为 53.5%、37.6%、2.8%、4.1%、1%、1.8%[①]。企业已基本成为科技活动的主体。

从科技资源流向发生改变看，企业科技活动人员和经费支出快速增长，是增量投入带来结构改变的结果。2005—2010 年，全省科技活动人员年均增长 8.74%，科研院所、高等院校、企业年均增长率分别为 19.2%、11.63%、19.4%，大中型企业科技活动人员增长最快。结构变化的原因主要在于科技体制改革的推进，由于每年都有部分科研机构转成科技型企业，而其他科技中介服务机构也在稳步增长，2010 年其他机构达到 1 003 个，比 2009 年增加了 1 001 个。从“十二五”来看，科技资源的流动相对比较平均，研究机构、企业和高校科研人员的增速分别为 5.1%、4.86%、4.68%，不过企业科技人员的绝对增量是最多的，由 2009 年的 17.78 万人增加到 2013 年的 21.5 万人，增加了 4.72 万人，超过了其他所有机构增加人数。

① 由《四川统计年鉴（2009)》计算整理，以后年度没有统计细分，所以仅以 2009 年数据说明。

从企业拥有的科技资源集中度看，四川基本上形成了以企业为主体的创新活动。2013 年企业拥有的科技活动人员、R&D 人员、R&D 经费内部支出以及有效发明专利授权、形成标准等分别占全社会的 64.96%、57.73%、46.18%、58.66%、86.80%，除 R&D 内部支出小于 50%，其他都集中了全社会科技资源的一半以上（见表 4-3）。不过从形成的成果看，说明四川企业科技经费用于研究开发相对还较少，企业更注重成果的产业化和规模化生产。2013 年企业专利授权量占全社会不到 10%也说明这一点。

表 4-3　　2013 年四川企业科技资源拥有量及占全省的比重

	科技活动人才		科技资金投入	科技成果	
	科技活动人员(人)	R&D 人员(万人)	R&D 经费内部支出(亿元)	有效发明专利(件)	形成国家标准或行业标准(件)
企业科技资源	20.84	10.04	184.73	9 197	914
占全省比重(%)	64.96	57.73	46.18	58.66	86.80

数据来源：《四川科技统计年鉴（2014）》。

4. 科技资源分布不平衡特征突出

（1）空间分布呈带状或单中心状。四川省主要科技资源分布在省会城市、特大型企业和军工企业以及沿江地带，即成、德、绵、宜、攀以及内江等老工业区等城市，这些城市占了全省 90%以上的科技资源，科技资源呈单中心或带状发展，区域科技资源分布不平衡特征突出。

在科技活动人员、科研仪器设备、研发机构、项目数、研发经费内部支出以及科技经费筹集额中，成都市分别占全省的 48.62%、47.7%、58.14%、76.53%、51.57%、40.98%，占了全省近一半的科技资源，成为四川科技资源集聚的核心区；德、绵、宜、攀、南充、内江 6 市占全省 1/4 以上的科技资源；而“三州”地区、革命老区以及达州等 10 余个市（州）超全省城市数量一半但科技资源却不及全省的 1/10①。

四川科技资源排前五位的城市占全省 3/4 以上的科技资源，但创造的 GDP 刚过半（见表 4-4）。显然，目前的科技资源分布格局，已不适应区域产业发展、科技进步、社会和谐以及科技与经济结合等要求科技资源公共服务均等化、特色化的需要，也说明科技资源由于行政区划的壁垒，科技资源没有得到有效流动、高效配置，科技资源密集区科技驱动产业的能量没有充分释放。

① 数据来源：根据《四川省科技统计年鉴（2011）》整理。

表 4-4　　2010 年四川省科技资源分布前五位城市及占全省比重

类别	前五位城市	占全省的比重(%)
科技活动人员	成都、德阳、绵阳、宜宾、攀枝花	80.30
科研用仪器设备	成都、德阳、绵阳、宜宾、泸州	89.50
研究机构	成都、德阳、绵阳、宜宾、南充	82.90
项目（课题）数	成都、自贡、绵阳、宜宾、南充	67.90
R&D 经费内部支出	成都、德阳、绵阳、宜宾、内江	84.10
科技经费筹集额	成都、德阳、绵阳、宜宾、攀枝花	76.40
GDP	成都、自贡、绵阳、宜宾、南充	53.10

数据来源：根据《科技统计年鉴（2011）》《四川统计年鉴（2009）》计算整理。

“十二五”以来，经过三年的资源整合和发展，到 2013 年，这一情况有所改观，科研人员、研发机构集中度相对比 2010 年有所下降，特别是研究机构下降了近十个百分点；但是 R&D 经费内部支出以及项目（课题）数却更集中，两者均比 2010 年提高了 7 个百分点以上，创造的地区生产总值占全省的比重增幅仅提高了 2.5 个百分点。同时，遂宁在这一变动过程中崛起，内江则已退出前五位（见表 4-5），因此进一步优化整合四川各区域科技资源任重道远。

表 4-5　　2013 年四川省科技资源分布前五位城市及比重情况

类别	前五位城市	占全省该项目总额的比重(%)
科技活动人员	成都、德阳、绵阳、宜宾、攀枝花	76.82
科研用仪器设备	成都、德阳、绵阳、宜宾、泸州	88.89
研发机构	成都、绵阳、宜宾、南充、遂宁	68.33
项目（课题）数	成都、自贡、绵阳、泸州、南充	84.39
R&D经费内部支出	成都、德阳、绵阳、宜宾、攀枝花	91.24
科技经费筹集额	成都、德阳、绵阳、宜宾、攀枝花	—
GDP	成都、德阳、绵阳、宜宾、南充	55.71

数据来源：根据《四川科技统计年鉴（2014）》《四川统计年鉴（2014）》计算整理。

（2）隶属分布呈现中央强、地方弱的特点。从 2010 年四川省科技资源的隶属分布来看，地方科技资源中，研究机构、科技活动人员、项目（课题）数和科研仪器设备数都超过央属机构，但是 R&D 经费内部支出明显弱于央属机构，拥有的发明专利也低于央属机构。从规模看，央属研究机构平均 282 人，地方机构仅 79 人。整体表现为地方机构多、规模小、研发能力和实力较弱，央属机构少、规模大、研发能力和实力强（见表 4-6）。

表 4-6　　2010 年四川省科技资源按隶属关系分布状况

	类别	研究机构数(个)	科研用仪器设备(原价、亿元)	科技活动人员(人)	项目(课题)数(项)	R&D 经费内部支出(亿元)	拥有发明专利数(件)	形成国家或行业标准数(项)
	合计	2 549	300.06	276 143	42 314	264.26	7 504	930
绝对值	央属	369	99.31	104 231	18 638	182.41	4 216	349
	地方	2 180	200.75	171 912	23 676	81.85	3 288	581
占比(%)	央属	14.50	33.10	37.70	44.00	69.00	56.20	37.50
	地方	85.50	66.90	62.30	56.00	31.00	43.80	62.50
每个机构科技资源	央属		0.27	282	50.51	0.49	11.43	0.95
	地方		0.09	79	10.86	0.04	1.51	0.27

数据来源：根据《四川科技统计年鉴（2011)》计算整理。

这一状况，到 2013 年也没有较大变化，并且，科研机构的科技资源央属与地方机构“两强两弱”更加明显（从 2011 年起，《四川科技统计年鉴》没有再对央属与地方的所有科研资源进行汇总，所以这里以 2013 年科技机构情况来说明，因为科技资源主要集中在研究机构）（见表 4-7）。

表 4-7　2013 年四川县级以上所属科技机构中央与地方科技资源分布情况

	类别	研究机构数(个)	科研用仪器设备(原价、千元)	科技活动人员(个)	项目(课题)数(项)	课题经费内部支出(千元)	拥有发明专利数(件)
	合计	152	2 003 085	10 823	3 164	1 315 658	1 534
绝对值	中央	11	1 157 846	2 720	1 418	907 507	1 268
	地方	141	845 239	8 103	1 746	408 151	266
占比(%)	中央	7.24	57.80	25.13	44.82	68.98	82.66
	地方	92.76	42.20	74.87	55.18	31.02	17.34
每个机构科技资源	中央		105 259	247	129	82 501	115
	地方		5 995	57	12	2 895	2

（3）行业分布呈传统产业领域多、高端服务业领域少的特点。从 2011 年后，《四川科技统计年鉴》没有对科技资源进行行业汇总，我们以 2010 年数据进行分析。按国家统计划分的行业标准，分为 21 个行业。从表 4-8 可以看出，四川科技资源主要集中在制造业，教育，科学研究、技术服务和地质勘查业，卫生、社会保障和福利业，水利、环境和公共设施管理业，建筑、租赁和商务业等几大行业，占科技资源总量的 90%以上。其中 R&D 人员中，制造业人员最多，占总的 42.2%；R&D 内部经费支出中，科学研究、技术服务和地质勘查业最多，占总的 48.75%；研究机构中，卫生、社会保障和社会福利业最多，占总的 35.5%；项目（课题）数中，科学研究、技术服务和地质勘查业最多，占总的 35.27%；科研仪器设备中，卫生、社会保障和社会福利业最多，占总的 37.22%；拥有发明专利数中，教育最多，占总的 41.96%。而信息传输、计算机服务和软件业拥有的发明专利仅有 4 项，金融、居民服务、公共管理和交通运输、仓储和邮政业等几乎没有发明专利，也就是在现代高端服务领域，四川投入较少，创新能力弱，几乎还处于模仿阶段。

表 4-8　　2010 年 四川省科技资源行业分布

指标	科技资源居前 6 位行业	占全省的比重(%)
R&D 人员	制造，教育，科学研究、技术服务；卫生、社会保障和社会保障；租赁和商务业、采矿业	95.67
R&D 经费内部支出	科学研究、技术服务和地质勘查业；制造业；教育；采矿业；租赁和商务业；卫生、社会保障和福利业	95.08
研究机构	卫生、社会保障和社会福利业；制造业；科学研究、技术服务和地质勘查业；农林牧渔；水利、环境和公共设施管理业；建筑业	89.87
项目(课题)数	科学研究、技术服务和地质勘查业；制造业；教育；采矿业；卫生、社会保障和福利业；文化体育和娱乐	81.84
科研仪器设备	卫生、社会保障和社会福利业；制造业；科学研究、技术服务和地质勘查业；采矿；水利、环境和公共设施管理业；建筑业	97.46
拥有发明专利数	教育 ；制造业；采矿业；科学研究、技术服务和地质勘查业；建筑业；电力、燃气及水的生产和供应业	99.73

可见在“十二五”及更远时期，加快四川区域、行业以及部门间协同创新发展，促进科技资源高效流动十分重要和紧迫。

四、四川科技资源整合与配置现状及评价

（一）四川科技资源整合的主要做法及成效

四川省一直致力科技资源的优化配置和有效整合，通过不断深化科技体制改革，加快科技基础条件平台和科技成果转化基地建设，探索军民融合、央地、院地结合模式，推进“产、学、研”技术创新联盟建设以及产业技术研究院等促进科技资源与经济的结合和对经济发展的支撑作用，成效显著。

1. 加快科研院所体制改革，推进应用开发类科研院所的转制

四川省一直紧跟中央政策部署，加快推进研究与开发机构的转制改革，促进科研院所与企业、产业结合。一是加快推进应用开发类科研院所企业化转制。二是对社会公益类科研院所内部运行机制改革。截至 2013 年四川转制科研院所与技术开发机构达到 40 个，其中地方部门机构 23 个，央属部门 17 个，占总研究机构的 26.31%。从按院所改革的模式分布看，2013 年年底前在工商管理登记为企业法人的 37 个，占转制机构的 90%以上，其中转为科技型企业的 16 个、进入企业或企业集团的 17 个；转制到位的事业单位 3 个。经过十余年的科研机构转制使四川省以政府部门属研究与开发机构为主体的原有科技系统结构发生了明显变化，形成政府、国有企业、社会多元化的科技系统结构组织，加快了科技资源的企业化，优化了科技资源的配置效率。①

2. 积极推进省科技基础条件平台建设

为有效解决我国科技发展中存在的创新支撑条件薄弱、资源配置分散重复等问题，科技部、财政部于 2005 年正式启动了国家科技基础条件平台建设工作。四川省科技厅会同省发改委、省教育厅、省财政厅联合制定了《2004—2010 年四川省科技基础条件平台建设纲要》，并已实施。在四川省科技厅的指导下，对现有大型科学仪器设备设施、科学数据、科技文献、自然科技资源、科技成果等进行重组和优化，并充分利用现代信息技术，加快实现科技资源的数字化、网络化。

（1）加大重点实验室及工程技术中心等建设力度。到 2013 年全省建成国家级重点实验室 12 个、省部共建 3 个、省级重点实验室 83 个，国家级工程技术中心 16 个、省级工程技术中心 120 个。培育出 9 个省级及以上高新区、14

① 数据来源：根据《四川科技统计年鉴（2014）》整理。

个省级及以上生产力促进中心，36 个国家级、省级专业孵化器，5 个国家级大学科技园，93 个省级农业科技园[①]，有效地聚集了科技资源和人才要素。

（2）建立并开通全省大型科学仪器共享平台。大型科学仪器资源是科学研究、技术创新、人才培养和产品质量控制的重要工具，大型科技基础设施建设是科技创新的重要保障和支撑。四川省大型科学仪器协作共用网是四川省科技基础条件平台的重要组成部分，在四川省分析测试学会、四川大学及成都大学三家单位联合建设下，截至 2011 年 6 月已建成了大型科学仪器设备数据库，建立了相应的运行程序，现拥有 57 家高校、科研院所和企业等参与单位，拥有达 7 亿元的大型科学仪器 1 035 台（套），并按产业领域建立了 11 支专业技术服务队伍，为使用单位提供技术服务，目前四川大型科学仪器设备共用平台和科技信息情报共享平台已开通。并建立西南五省区域科技资源的西南地区科学仪器协作共用网和西南区域科学仪器资源信息数据库，为加强西南科技合作、资源共享创造了条件。

（3）建立起四川省科技文献资源共享服务平台。由四川省科技信息研究所、中科院成都文献情报中心为牵头单位，整合了国内外优良的大型综合性的科技文献服务系统资源，联合省内各行业和市州的科技情报服务机构合作共建四川省科技文献共享服务平台（http://www.scstl.org，以下简称“平台”）。截至 2010 年 3 月，中国知网（CNKI）、维普期刊数据库、国研网数据库、万方数据、中华医学会、FMIF 外文期刊整合、全球产品样本数据库七个镜像站的资源通过平台全部实现了省内开放服务。由成都高新区科技局与四川省科技信息研究所联建的“NSTL 成都高新区服务站”[②] 已正式开通。服务平台的开放资源与配套服务基本上已能满足四川地区从事科技创新活动的用户需求。

（4）自然科技资源共享平台建设成效显著。根据四川的资源优势，目前已建立了四川省濒危动物基因资源库，猕猴（恒河猴川西亚种）规模化繁育基地、微生物分子生物学鉴定实验室。由省自然资源研究所牵头，整合四川众多的高校和科研单位建立了植物种质资源信息网，建立了植物资源信息库。以省食品发酵研究院牵头，建立了菌种资源数据库和四川微生物资源信息网站，

---

① 数据来源：《四川省科技基础信手册（2014）》。

② 平台集成的文献品种涵盖期刊、专利、标准、图书、会议（学位）论文、研究报告、科技成果、统计数据、企业信息、产品样本、专家信息、政策法规、四川本地特色数据库等。文献资源类别涉及理、工、农、医等各领域的一次文献和二次文献。目前本地装载数字化文献资源近 40TB，并以每年 5TB 速度递增。其中可供直接在线下载原文的中文电子资源 8 000 多万篇、提供原文传递和在线浏览的外文电子资源近 4 000 万篇。

并建立了四川动物公共服务平台等。

（5）科技成果转化平台体系不断丰富完善。一是建立四川省技术转移中心。2012 年 3 月 4 日四川首个省级科技成果展示、交易、转化专业服务机构“四川省技术转移中心[①]”正式营运。按照“自主经营、自负盈亏、资源共享、风险公担”的原则，实行政府引导、专业化管理、企业化运作，主要包括组织项目对接、技术交易和资本对接等技术转移活动；进行新技术展示发布及技术咨询、挖掘、评估、培训和集成应用；开展技术交易合同认定登记；指导各地方和行业组建各具特色的技术转移服务机构，努力建成整合全省科技资源、覆盖全省产业需求的公益性技术转移机构，为科技成果转化提供全方位服务，成为高校科研机构与市场联结的纽带或中转站，为实施四川科技工作“一号工程”提供支撑。截至 2013 年四川省建立了专业性、区域性技术转移中心分支机构 21 个，逐步建立覆盖全省的专业技术转移交易体系[②]。二是建科技成果转化服务平台。在科技成果转化服务平台建设上，着力建设科技成果分析测试、信息服务、技术转移、工程化应用、创新孵化、投融资服务、高新技术园区基地 7 大成果转化平台，实现发现、筛选、撮合、转化科技成果功能。目前，四川省科技信息服务平台实现网络、3G、大厅查询等“一站式服务。2011 年 7 月 28 日，整合科学仪器资源达到 6 亿元的“四川省重大科技成果转化分析检测平台”落成。在国家科技部的大力支持下，四川成为国家重大科学仪器设备开发专项试点省份，2011—2013 年，由在川科研院所、企业牵头申报成功或参与的国家重大科学仪器设备开发专项获得约 11.1 亿元专项经费支持[③]。三是加强科技成果转化金融服务体系建设。为缓解高新技术企业融资难，四川省相关部门根据科技型企业成长路线图，进一步完善各阶段相关金融支持，开展形式多样的投融资对接服务，为企业搭建融资平台。通过政策引导聚集和资金整合带动，逐渐形成多元化、多层次的高新技术产业发展投入格局，并开展了成都高新区、绵阳市科技金融结合试点模式，已基本建立科技、财税、银行、证券、保险等多方参与的科技金融工作协调机制，引导和带动金融要素向科技型企业聚集。截至 2011 年年底，2008 年省财政厅设立的风险投资补助资金累计引导银行、风投等各类社会资金投入近 120 亿元；2009 年搭

---

① 该中心由四川大学国家技术转移中心、西南联合产权交易所、成都高新区创业服务中心等 16 家单位发起成立的民办机构。

② 盛利. 四川省技术转移中心开业［EB/OL］. 科技日报，http://tech.hexun.com/2012-03-17/139422564.html,2012 年 03 月 17 日 01:10.

③《四川省科技发展年度报告（2013）》。

建的“四川省银企对接服务平台”已向613户企业授信262.36亿元；2009年省银监局设立了3家科技专营支行，到2011年科技贷款13亿元[①]，截至2013年年底共建立了8家科技支行；2008年成都高新区启动的“盈创动力”一站式投融资服务平台完成了上百个投融资项目的成功对接，被科技部确定为科技金融示范基地。[②] 科技与金融结合日趋紧密。四是进一步加强和扩大科技成果转化基地建设及主体的培育。为进一步推进科技与经济结合，增强科技资源的整合能力，促进科技成果转化。四川着力加大科技资源转化的载体平台建设和主体培育，到2013年全省国家级高技术产业化基地达到20家、省级特色高技术产业化基地39家，培育出国家级创新型企业26家、省级创新型企业1 154家[③]，并正在规划实施建立天府新区科学城，着力打造成西部科技创新高地和科技成果转化对接大平台，为以企业为核心的科技资源整合奠定了坚实基础和广阔的发展空间。

3. 大力推动“产、学、研、用”为重点的新型产业技术创新联盟

2008年科技部、财政部等八部委联合发布《关于推动产业技术创新战略联盟构建的指导意见》，首次正式提出把“产业技术创新战略联盟”作为龙头优势企业携手科研院所、高等院校和行业内企业“抱团”发展的新型“产、学、研”结合模式。四川便开始大力构建以高新技术产业为重点的“产、学、研、用”等多主体、多形式的联合模式，致力于在共同开展技术合作、联合攻关，突破产业发展的核心技术，形成产业技术标准；建立公共技术平台，实现创新资源的有效分工与合理衔接，实行知识产权共享；实施技术转移加速科技成果的商业化运用，提升产业整体竞争力；联合培养人才，加强人员的交流互动，支撑国家核心竞争力的有效提升。其中，建设行业内共享共用的公共技术平台、加强科技成果转化对接，提升产品和企业竞争力，是四川众多产业创新联盟的一大特色。截至2013年年底，四川已在电子信息、生物工程、先进制造、航空航天、新能源、新材料等领域构建起国家及省级产业技术创新联盟111个和2个省级专利联盟[④]，并成立“产、学、研”联盟创新平台，在一定程度解决了“产、学、研”组织形式松散、合作过程欠缺，利益、创新成果商业化渠道不畅等问题。

---

① 2012年4月又在绵阳、自贡以及德阳增加3家专营银行。

② 资料来源：《四川省科技发展年度报告（2011）》。

③ 资料来源：《四川省科技基础信息手册（2014）》。

④ 广汉石油天然气装备制造产业专利联盟、自贡硬质合金材料产业专利联盟。

4. 不断创新军民融合模式

四川省以绵阳科技城为重点，积极探索和推进军工、央属科技资源与地方经济的融合发展，经过十余年的努力探索，走出了一条具有四川特色的军民融合发展路子，2011 年 1 月被工信部认定为“国家军民融合新型工业化产业示范基地”。其主要做法和成效如下：

（1）组建强大多方联动的组织保障机制——部省市协调小组。绵阳科技城从 2000 年开始建设以来，便受到国家高度重视，国务院专门成立了部际协调小组，到 2010 年先后就绵阳科技城建设专门出台了 3 个文件，赋予科技城特殊政策措施；四川省委、省政府和建设绵阳科技城领导小组，绵阳市委、市政府将科技城作为全市工作的重中之重，健全管理体制和运行机制，努力营造创新创业环境，加速科技成果向现实生产力的转化。部、省、市多级联动共同努力，对绵阳科技城在土地、资金、项目以及财税金融、出口监管等给予极大支持，着力解决了许多实际体制机制方面的问题。

（2）成立军民融合推进委员会。将中国工程物理研究院等在绵国防科研院所、高等学校和大中型企业作为科技城管委会成员，军地共同编制和实施《科技城科技创新规划》等专项规划，共同规划、共同管理、共同建设绵阳科技城。并设立重点针对军民融合企业的创新基金专项，联合共建研发平台、重点实验、中试基地、工程技术研究中心，构建起了军民联合促进机制。

（3）建立促进军民两用科技资源协调配置的会商制度。推进军民两用技术联合攻关和产业化；面向若干主导产业和新兴产业建立军民融合产业园；鼓励民用单位进入军品市场；加强军民科技人才交流、互动和培养，可采取相互兼职、互访、客座研究、学习培训、共同承担课题研究、共同进行产品开发等形式，加强不同单位军民科技人员交流和信息交流。鼓励军地双方通过交流挂职、短期工作、项目合作等方式培养人才。并以中国工程物理研究院和西南科技大学平台，推进大型科技仪器、设备设施和科技文献信息资源共享，构建起了军民资源共享机制。

通过强大的组织领导建设，打破军民、央地体制机制分割的限制，坚持“一院所、一企业、一产业、一园区”，注重通过公司平台把院所和企业的优势整合起来，探索出“四种军民融合模式”：以中物院、中国兵器集团第 58 研究所等在绵国防科研院所加速自身成果转化的“院所自转”模式，以九洲集团为代表的军工企业军工自转模式；以及“院企联转”模式和“民企参军”模式，极大地促进了军民融合发展。截至 2013 年年底，催生出利尔化学、西普油化、圣维数控等 261 家具有良好发展前景的军民结合型科技创新企业，军民融合产业覆盖300余个专业领域。

5. 扩大跨区域联盟

（1）开展成果对接。一年一度的西博会，加强了大学、科研机构与企业的对接，促进了四川科技资源的流动和优化配置。在第十二届西博会上共与20个省（市、区）有高新技术交易合作，共签订合同及意向性协议100多项，签约金额超过5亿元。

（2）省市区之间合作加强。为推动地方科技发展和区域科技创新体系建设，促进省市科技资源向其他市区县流动，四川积极探索科技特派员创新模式、"校市合作"模式、厅州合作模式等，并建立"厅市（州）会商"制度，截至2013年年底全省13个市（州）已建立了厅市（州）会商制度。大大促进了四川科技资源跨区域重新组合和优化配置。为打破科技资源与科技需求条块分割、流动不畅的瓶颈，加强各市（州）重大科技需求与国家、省战略目标的对接，从2011年7月起，四川省科技厅围绕地方高新技术产业发展特色，组织100余家"产、学、研"单位、科技金融机构，陆续与省内各市州开展科技成果对接。

（3）持续院地合作。四川历来重视与中科院合作，省院双方分别在2000年、2006年、2011年签署了三轮全面科技合作协议。多年来，四川与中科院在重大技术装备领域开展了一大批省院科技合作项目，在人才培养、科技服务、科技成果转化等方面成效斐然。2013年成功召开首届四川省——中国科学院重大技术装备科技成果对接会，以德阳重装产业为着眼点，进一步加深与中科院的合作，打造科技成果转化与创新平台，促进科技成果转化，提升企业创新能力。中科院副院长施尔畏希望借助中科院与四川省良好的合作基础，打造德阳、绵阳、攀枝花等地科技创新成果转化试验示范走廊，助推四川省经济社会发展。①

（4）探索省际共建重点实验室。为促进成渝经济区开发合作，探索跨省市实验室共建机制，着力把共建实验室建设成为机制创新、人才聚集、优势互补的跨区域研发基地建设典范，创立全国建设共建实验室的新模式。川渝共建重点实验室作为科技管理模式的创新和探索，成都市科委将与四川省科技厅、南川区政府一起通力合作，努力将实验室建设成为川渝科技合作、探索体制机制创新和推动协同创新的成功试点。重庆市科委与四川省科技厅共同启动在重

① 四川省·中国科学院2013年重大技术装备科技成果对接会在四川德阳召开［EB/OL］. 四川政府网，http://www.mei.net.cn/jxgy/201309/518521.html. 发布时间：2013-09-25 16:47:51.

庆市南川区共建“生物资源利用及生物医药技术川渝共建重点实验室”。2012年7月25~26日双方商定尽快形成《共同推进川渝共建重点实验室建设的意见》，启动共建实验室建设工作①。2012年12月22日，经重庆市科委和四川省科委批准，川渝共建重点实验室正式设立，到2013年年底，重点实验室建设取得重大进展，多栋崭新的实训大楼矗立在工业园区，一批科研成果得以转化为现实的生产力，实验室的建设对南川区特色生物产业发展起了重大的推进作用。期间还先后开展泛珠、川渝、川藏、川疆科技合作相关工作。

（4）国际合作交流日益增强。以成都高新区欧盟项目创新中心为重要国际合作平台，四川国际合作与交流不断加强，建立了四川省国际合作服务平台、四川省国际技术转移中心、四川省国际技术联盟，并开通了四川国际科技合作网。目前四川与欧盟、韩国、新西兰、以色列、罗马尼亚等建立起了广泛的技术合作关系，国际合作项目达960多项②。为更有效地整合国际国内两种资源，实现国际科技合作方式从一般性的人员交流和项目合作向“项目—基地—人才”相结合的战略转变，建立起长期稳定的合作关系，通过引进、消化吸收和再创新，以突破发展所急需的关键核心技术、产业共性技术和先进适用技术，加快国际科技合作成果转化为目标，省科技厅积极组织开展了四川省国际科技合作基地推荐申报工作，2011年四川已有四川大学、西南交大等4个单位获得国家级国际科技合作基地称号，2012年3月又有6家获得省级国际科技合作基地单位的称号，大学参与国际合作的愿望日益增强。截至2013年四川共有国家级国际科技合作基地14个，20家省级国际科技合作基地。

6. 探索以科技机构为龙头的研发模式——建立四川省产业技术综合研究院

2010年，四川省便开始实质性的探索建立省级产业技术综合研究院，拟以省属转制科研院所为重点，大学、企业、科研院所共同参与，根据四川经济的发展需求，在天府新区建立产业技术综合研究院，以整合全省工业科研机构资源，提升产业技术和创新能力为目标，通过关键性、创新性以及前瞻性技术的开发与推广，向企业转移技术成果，培养、输送人才；协调、组织企业发展中重大项目的科研攻关，促进产品更新、产业升级和产业结构转型，成为能持续产生重大科研成果的工业产业发展的创新平台和基地。目前已建立和发展10家省级专业化的产业技术研究院，为下一步组建综合性工业研究院创造了条件。

---

① 重庆科委与四川省科技厅共同启动川渝共建重点实验室建设［EB/OL］. 重庆市科委，http://www.most.gov.cn/clfkj/cq/zxdt/201208/t20120809-96166.htm.

② 信息来源：四川省科技厅网站。

（二）四川科技资源配置评价

1. 总体评价

区域科技资源配置评价结果因评价的指标体系、方法而有所不同。通过综合评价比较分析，我们认为四川省科技资源配置效率整体处于全国中下水平。

范斐、杜德斌等①（2012）在区域科技资源配置效率及比较优势分析中，采用综合评价模型，对我国区域科技人力、财务、信息资源以及科技产出四层次 12 个指标进行时空动态综合评价测度，结果显示：1998 年、2004 年、2010 年四川省科技资源配置效率分别排在全国的第 9 位、第 10 位、第 9 位。也就是说，四川科技资源配置效率与全国科技资源配置水平变化基本一致，时间维度变化不大。并且运用比较优势原理，四川科技人力资源和财力相对具有比较优势，但科技信息化水平却较低。这个结论与四川的情况似乎基本一致，但也并不完全准确，相较于上海等东部经济和信息发达地区，四川部分地区信息化水平和网络化水平低是客观存在的，但是在市（区、县）域甚至是大部分乡镇一级都不存在这种情况，信息化和网络化正以“摩尔定律”之速度席卷世界的每一个角落，这不应是当前影响科技资源流动的主要因素，而是如何使科技资源数字化、网络化并共建共享才是真正的主要原因。所以我们以下的评价中没有把地区信息化水平作为评价科技资源配置效率指标。

王宏起、王雪原②运用分形评价模型对我国 30 个区域科技创新资源配置评价，评价的结果是四川科技资源配置效率处于全国中下水平，但科技创新发展潜力巨大。

在 2011 年全国科技进步统计监测中，四川的科技进步水平居全国第 15 位；在国家区域创新能力评价中，四川居全国第 9 位。但是，2011 年，四川省人均 GDP 为 26 120 元，位居全国的 23 位，科技对经济的贡献率仅为 48. 42%③，全国平均高达 60. 05%，说明四川科技资源并没有真正转化为地方的产业优势和经济优势。因此，整体上四川科技资源是丰富的，但配置效率在全国为一般水平。为更深入了解四川科技资源其内部行业、区域之间以及部门的配置效率如何，我们从军工央属科技资源与地方经济、各市（州）科技资

---

① 范斐，杜德斌，李恒．区域科技资源配置效率及比较优势分析［J］．科学学研究，2012（8）：1200-1205.

② 王宏起，王雪原．区域科技创新资源配置效果的分析评价［J］．技术经济，2008（1）：1-5.

③《四川省科技基础信息手册（2014 年）》。

源、各行业科技资源三个方面评价四川省科技资源配置效率，以期望更准确了解四川科技资源配置的现状、存在的问题。

2. 军工央属与地方科技资源的配置效率评价

军民融合发展是国防建设和经济发展的需要，我国政府先后出台了关于国防科技工业投资体制改革、推进军工企业股份制改造和非公有制经济参与国防科技工业建设的指导意见。

四川是军工和央属科技资源的大省，其研发支出是地方属机构的2.2倍以上，拥有的专利数远超过地方属科研机构。绵阳科技城以及广元作为四川军民融合发展的主要代表区，经过十几年的发展，极大地推动了军民两用技术的开发和运用，已形成具有鲜明特色的军民结合型产业，在高技术领域和新材料、新能源等新兴产业发挥了重要作用，一些军工高科技产品已成为区域发展的支柱产业和新的经济增长点。

但是在军转民快速发展的同时，"民进军"却至今未取得明显进展，军工央属的科研成果主要是通过自行产业化，很少进行专利转让及许可。2010年，四川央属专利所有权转让及许可数仅60项，仅占专利拥有量的1.42%，不及地方专利所有权转让及许可数的万分之一①，致使许多民用企业的资金、技术、设备、人才、管理等资源在军工产业发展中得不到充分利用，而军工科研单位由于本身的职责和产业化资金的短缺，难以大量产业化，从而也阻碍了科技资源的流动和优化。可以说，军工和央属科技资源与地方经济融合发展是四川科技资源整合的难点和重点。

3. 四川各市州科技资源配置效率评价

推进公共资源均等化和特色化，促进区域协调均衡发展，是我国建设社会和谐，经济可持续发展的要求。由于历史和人文因素以及地形的复杂性，四川各地区经济发展不平衡特征比较突出。客观科学的评价四川各区域科技资源配置和利用情况，通过整合科技资源，优化配置区域内部科技资源，将有助于推进四川区域协调均衡发展，提高全川经济发展的整体综合实力和竞争力。

(1) 区域科技资源配置指标选择及评价方法

——指标体系选择及构建。从目前的理论应用研究来看，区域科技创新资源配置效果评价主要从投入、产出两个方面来选择指标。借鉴以往学者研究成果，考虑指标数据的可获得性、可比性以及评价体系的公平性和合理性。我们构建了11个指标作为评价四川区域科技资源配置效果的依据和标准（见表

① 数据来源：根据《四川科技统计年鉴（2011）》计算整理。

4-9)。这里舍去了科技创新成果的时滞性和动态性，因为静态是历史演进过程截面的沉淀，科技资源在正常年份，基本都保持正常状态的增长，其某一时点的创新产业化成果，并不是某一点或一年投入的成果，本身就包含了历史累积或存量研发资本产生的作用。

表 4-9　　　　区域科技资源配置效率评价指标体系

		指标	单位	指标	单位
科技资源投入指标	科技人力资源	万人拥有的科技活动人员	人/万人	万人拥有的 R&D 人员全时当量	人年/万人
	科技财力资源	R&D 研发强度	%	人均研发支出（科技活动人员）	万元/人
		万人拥有的科技经费筹集额	万元/万人	科技地方财政支出占财政支出	%
	科技物力资源	万人拥有的科研仪器设备	万元/万人		
科技资源产出指标	科技资源直接产出	万人拥有的专利申请数	件/万人	万人发表的科技论文	篇/万人
	科技资源间接产出	万人拥有的新产品产值		人均 GDP（能部分反映科技对经济的促进作用）	元/人

——数据处理方法。根据《四川统计年鉴》（2009 年和 2011 年）、《四川科技统计年鉴（2011）》，分别统计四川全省 21 个市州的相关数据，构建指标系数矩阵 U_{ij}（i 为序参量，j 代表各个指标）。设 U_{ij} 为第 i 个序参量的第 j 个指标，其值为 j=1，2，3，…，n。α_{ij}、β_{ij} 是系统稳定临界点上序参量的上、下限值，在有限集合中表示极大值和极小值，则 U_{ij} 可表示为：

$$U_{ij}=(X_{ij}-\beta_{ij})/(\alpha_{ij}-\beta_{ij})$$

U_{ij} 反映了各指标达到目标的满意程度，U_{ij} 趋近 0 为最不满意，U_{ij} 趋近 1 为最满意，所以 $0 \leqslant U_{ij} \leqslant 1$，我们以此作为归一化处理方法的极值处理法。

——综合评价法。近年学术界在对高新区的评价过程中，逐渐把技术经济和计量经济学以及统计学中的一些方法运用到其中，主要包括专家评分法、层次分析法、因素分析法、回归分析法、聚类分析法、模糊综合评价法以及主成分析法、功效系数、效用理论、马尔可夫过程分析法等。不同的方法适应不同的评价目标。区域科技创新资源投入及产出均是一个综合多因子的评价，我们根据需要，选择综合评价法对四川科技资源配置效率进行评价。

综合评价方法或模型是指通过一定的数学模型或数学方法将多个评价指标

值“合成”为一个整体性的综合评价值。可用于“合成”的模型很多，常用的主要有线性加权综合法和非线性加权综合法。根据各方法的条件和特性，我们认为选择线性加权综合法是比较合适的，其评价模型为 $KJZY=\sum W_i \cdot \sum W_{ij} \cdot U_{ij}$，式中 $i=1、2、3\cdots m$，$j=1、2、3\cdots n$，其中：KJZY 代表各区域投入或产出的综合指数；m 为各区域评价构成要素个数；n 表示各地区第 i 个构成要素的指标个数；U_{ij}为第 i 个构成要素第 j 项指标标准化后的值；W_i为第 i 个构成要素的权重；W_{ij}为第 i 个构成要素的第 j 个指标的权重。

——权重的确定。目前确定权重的方法很多，如专家评分法、层次分析法、主成分析法、模型分配法。我们根据对科技创新投入产出及创新成果价值的理解，借鉴技术经济方法中常用的权重分配模型来确定。权重分配模型主要有：①传统权重分配模型：$Wi=i/\sum I$，式中 i 表示指标的排序编号，越重要，编号越大。(2) 线性权重分配模型：$Wi=1-i/(n-\alpha)$，式中 i 为指标排序位次；n 为指标个数；α 为调整参数，它是权重分配的微调系数，$\alpha\in(0,\infty)$，α 值越大，权重分配差额越小，反则越大，常取为 5 或者 10。(3) 对数权重分配模型：$Wi=\ln(m-i)/\ln(m-1)$，式中 m 为指标个数，i 为指标位次，其特点是：前 2/3 的指标权重分配相差不大，后 1/3 的指标权重分配下降较快，即重视程度小。由于权重受一个人主观因素影响较重，我们结合上述几类模型分配表，根据对指标重要程度的理解进行微调，取三种方案的平均值作为各评价因子的权重。

(2) 区域科技资源配置效率分析

根据综合评价法，按财力资源、人力资源权重逐渐变化，取三方案平均值，分别求得 i 地区科技投入综合指标 Ci 和科技产出综合指标 T_i，进一步得到四川省 i 地区 2010 年科技资源配置效率为：$E_i=T_i/C_i$。E_i反映了科技资源综合配置效率的相对效果，表明各地区科技资源配置效率的高低，而非真正的科技资源配置效率值。E_i值越大说明配置效率越高、科技资源转化创新成果和产业化成果越充分，科技与经济结合越紧密，反之相反。经计算，四川各地区科技资源配置结果如表 4-10 所示。

从空间上来看，科技资源配置效率相对较高的地区主要是：“三州”地区、巴中、南充、眉山市、广元市、达州市等绝对科技资源较小、经济发展水平相对较弱的、地理交通位置并不优越的地区；而绵阳市、德阳市、成都市、宜宾市、广安市科技资源丰富、区域条件优越、信息化、经济社会发展水平较高的地区，其科技资配置效率却较低，配置效率小于 1，说明资源配置不具有

表 4-10　2010 年四川各市（州）科技资源配置效率与位序表

地区	Ei	排序	地区	Ei	排序
成都市	0.701	19	眉山市	5.554	6
自贡市	1.4	14	宜宾市	0.536	20
攀枝花市	1.145	13	广安市	0.858	17
泸州市	1.002	16	达州市	3.897	7
德阳市	0.848	18	雅安市	2.507	9
绵阳市	0.303	21	巴中市	21.237	1
广元市	2.746	8	资阳市	1.934	12
遂宁市	2.208	11	阿坝藏族羌族自治州	12.719	2
内江市	1.397	15	甘孜藏族自治州	10.286	3
乐山市	2.264	10	凉山彝族自治州	9	4
南充市	6.095	5			

比较优势。这与大部分学者认为科技资源配置效率较高的地区应是高投入高产出以及高技术产业发达、科技基础条件平台完善和大学、科研机构云集的地区其科研资源配置效率高的结论是相悖的，但却又是符合四川实际的。因为这部分地区主要是四川“三线”时期建立的老工业区，央属和军工科技资源密集，但由于体制机制约束，造成科技资源分散、分割而又相对封密和垄断，致使军工和央属科技资源转化难。因此深化科技体制改革，整合央属、军工科技资源仍然是四川省科技资源整合的主要内容和重要任务。

经过三年的资源优化，四川各市（州）资源配置效率有所提高，特别是成都市这个聚集全省 70%的科技资源，提高了 30%以上，达到 0.949 2；绵阳提高了近 50%，达到 0.640 2；攀枝花市达到 1.446 2。但总体来说，科技资源密集区的配置效率仍有待进一步提高，成、德、绵没有一个市配置效率达到 1。而少部分地区如巴中、凉山科技资源配置效率波动很大，主要是近几年，四川对革命老区、少数民族地区实施了资源大幅度集中扶持，而且由于自身基础存量小，以及资源投入产出的时滞性，所以变动性较大（见表 4-11）。

表 4-11　　2013 年 四川各市州科技资源配置效率与位序表

区域	Ei	排位	区域	Ei	排位
成都市	0.949 2	10	眉山市	1.622 1	3
自贡市	1.009 5	9	宜宾市	0.820 9	14
攀枝花市	1.446 2	4	广安市	0.881 9	11
泸州市	0.780 2	17	达州市	1.255 1	7
德阳市	0.901 9	11	雅安市	1.746 3	2
绵阳市	0.640 2	10	巴中市	0.208	21
广元市	0.787 4	16	资阳市	0.603 4	19
遂宁市	1.271 4	6	阿坝藏族羌族自治州	1.123 2	8
内江市	0.871 8	13	甘孜藏族自治州	5.672 3	1
乐山市	0.818 2	15	凉山彝族自治州	0.355 7	20
南充市	1.355	5			

4. 四川省各行业科技资源配置效率评价

评价各行业科技资源的配置优势，不仅可反映出四川省行业和产业的比较优势，而且还能有助于根据四川省行业和产业发展实际，调整和优化产业结构，有重点、有针对性地配置科技资源，推进科技资源向优势产业、行业流动，提高科技资源的产出效率和科技对产业和行业的带动作用，由于从 2011 年起《四川科技统计年鉴》没有从行业上统计，所以这里只就 2010 年的配置情况进行评价。

（1）指标选择。由于行业科技资源评价与区域选择的指标不同，因此，根据统计指标的可获得性以及可操作性，指标选绝对指标，四川科技资源配置效率的指标体系如表 4-12 所示。

表 4-12　　四川科技资源行业配置效率评价指标

科技投入指标		科技产出指标	
R&D 人员折合全时当量(人/年)	科技活动人员	专利申请数	拥有发明专利数
R&D 经费内部支出（万元）	项目课题数	形成国家或行业标准	发表科技论文
科研仪器设备（万元）			

（2）数据处理。数据来源于《四川统计年鉴（2011）》，运用上述数据标准化处理方法对原始数据进行处理。

（3）行业的选择。四川由于批发和零售业、住宿和餐饮业、金融业、房地产、居民服务和其他服务业、公共管理和社会组织、国际组织等服务业科技投入很少、几乎没有产出，所以不参与评价。

（4）权重确定。与上述方法相同。

（5）评价结果。从表4-13可以看出，四川在采矿业和教育两个行业具有配置优势，Ei均大于1；制造业尽管占有了最多的科技资源，但是科技创新产出成果相对不足，这与四川是制造大省比较一致，有待进一步加强四川精密机械制造的自主创新能力，由制造大省向创造大省迈进；电力、燃气及水的生产和供应业，建筑业，租赁和商务业配置效率相当，但配置效率不高；而科学研究、技术服务和地质勘查占据了总行业近1/2的研发投入，其配置效率更低，说明四川科研机构的研发成果转化难，大都停留在实验室和理论上，与市场化还有很大的距离。

表4-13　四川各行业科技资源配置效率

行业	Ei	行业	Ei
农林牧渔	0.096 5	租赁和商务业	0.666 5
采矿业	2.470 2	科学研究、技术服务和地质勘查业	0.275 1
制造业	0.876 1	水利、环境和公共设施管理业	0.010 4
电力、燃气及水的生产和供应业	0.837 1	教育	2.285
建筑业	0.827 4	卫生、社会保障和社会福利业	0.070 9
交通运输、仓储和邮政业	0	文化体育和娱乐业	0.002 7
信息传输、计算机服务和软件业	0.454		

（三）四川科技创新资源整合配置存在的主要问题

1. 缺乏系统性规划和顶层设计

目前四川还没有专门针对区域科技资源从高层作全面系统的规划设计，科技资源整合配置缺乏指导性文件，致使科技资源整合中出现重复整合、多主体整合、省市及地区之间各自整合的局面，整合存在盲目性、趋利性和短视性，导致整合成本高，科技资源整合的真正目的难以实现。

2. 条块分割突出，整合管理创新难

首先，尽管四川已开始加强部门与区域科技资源的整合与协作，但由于科技资源所有权与使用权分属不同部门，科技创新资源普遍存在条块分割、利用率低和开放共享困难的问题。其次，四川科技资源整合的经费主要来源于政府财政和项目支持以及税收激励，缺乏专业的人才管理队伍，深化整合难以为继。最后由于四川科技资源的特殊性（央属与军工科技资源占主导），加之军民融合的优惠政策和激励机制较为缺乏，更难以在现行的体制机制框架下进行有效的流动和整合，因此整合创新管理更难。

3.“产、学、研”联盟有待进一步深化

四川“产、学、研”合作取得了一定成效，但联盟数量不多，联盟的深度不够。与江苏的一万多个“产、学、研”联盟相比，四川的 101 个“产、学、研”联盟就太少了；同时四川“产、学、研”主要以项目协议为主，合作时间短，缺乏信任机制和持续合作的利益机制，最重要的是缺少权威的、公允的创新成果市场评价机构，过高过低的评价创新成果的市场远期价值，导致企业和科研院所联盟合作积极性不高。2013 年四川 R&D 外部支出占总研发支出比为 5.47%，比 2010 年还低，仅接近全国平均水平，高校及科研院所参与企业科技创新不足，“产、学、研”联盟在推进科技成果转化中的作用不大。目前四川除凉山州等地建立了“产、学、研”合作专项资金外，还没有建立起省级“产、学、研”联盟合作专项资金，整体上“产、学、研”联盟还比较松散，激励机制不强，联盟不深，建立以创新成果期权制或股份制是“产、学、研”联盟发展的方向。

4. 科技投入整合引导能力和机制不足

科技财政资源在国家科技计划政策的导向下和各地区加强自主创新的驱动下，四川科技财力资源流动加快，配置更合理，特别是科技计划以重大项目和以社会需求的配置模式，使四川的科技计划资金在行业和空间更趋合理，但仍存在一些问题：

科技投入结构机制有待优化。从科技投入在创新价值链上的分布来看：2010 年四川基础研究、应用研究、试验与发展之比为 5.84 : 31.41 : 62.75，基础研究与应用研究强于全国平均水平①，但试验与发展比全国低 20 个百分点，表现为重研究、轻转化，经过 3 年的研发与转化并重的思路指导，到 2013 年这一现象有所好转，试验与发展提高了 12 百分点，但仍低于全国 10 个百分点；从政府与企业资金看，2013 年四川这一比例为：38.19 与 50.05；企业成为自主创新投入主体的地位刚建立；而全国这一比例为 16.93 与 74.76，说明政府资金仍占据重要的地位。因此在科技资源整合中应加强对科技计划财政资金

---

① 2010 年全国基础研究、应用研究、试验与发展之比为 4.74 : 11.84 : 83.42，2013 年为 4.68 : 10.71 : 84.60。

及项目的配置，充分发挥财政资金的引导作用而不是主力作用，促进科技投入结构优化提升。

缺乏整合分散型的科技投入管理机制。由于历史原因，科技财政资金分散于不同部门，这种分散型的科技投入管理体制缺乏有效的统筹规划、资源整合机制，不利于资金有效使用和成果的管理。

引导和激励全社会科技投入的机制有待加强。目前，除成都高新区、绵阳科技城外，大部分地区没有真正建立起多元化的科技投融资体系，特别是适应自主创新的风险投资体系。因此，省科技财政资金有待加强对其他地区投融资体系建设的引导带动作用，促进科技与金融结合。

5. 整合科技资源的区域创新体系其基础条件有待加强

一是整合科技资源的对接平台不完善，水平不高。除成都高新区外，大部分高新区、经开区以及产业基地缺乏整合科技资源的高水平科技孵化和创新创业等公共服务平台，特别是缺少成果中试环节的平台，导致大学与科研机构资源与企业难以对接。二是企业整合和承接科技资源的能力有限。四川尽管培育出一批创新型企业和高新技术企业，但数量相对较少，占工业企业总数的比重不到15%。同时，工业企业中有研发机构的企业占比仅5.3%，大中型企业中有研究机构的也仅有15.6%，而江苏工业企业中有研发机构的企业占32.34%，全国平均也高达11.64%[①]，四川大部分企业处于中低端技术领域，缺乏转化高技术的人才和平台机构，承接和转化大学和科研机构的创新成果有限。

6. 跨区域整合力度不强

省、市（州）及区（县）之间的科技资源整合已有所成效，特别是省级科研资源与市区科研资源及企业之间的合作促进了由上而下的科技资源流动，但流动仍显缓慢。从表4-14可以看出科技财力资源已由成、德、绵、宜等高度集中区向其他地域流动，流动幅度达到10%以上。“十二五”时期流动速度大幅加快，前三年的幅度比“十一五”及“十五”后三年之总和快一倍多。但人力资源却相反，四川省人力资源更加倾向于向大城市和科研环境条件好的地区流动集聚，近十多年不但没有向其他区域流动，反而有聚集的趋势。特别是成都，2010年成都市科技人力资源占全省48.62%，比2003年提高了3个百分点，但其创造的人均GDP却只有31.82%，人力资源没有得到充分发挥。尽管“十二五”有所分流，但幅度很小，不及科技资金资源流动的1/20。不过近两年在省有关部门的相关政策导向下，成都市科技人员流出相较于其他重点

① 数据来源：《四川科技统计年鉴（2014）》和《中国科技统计年鉴（2014）》。

区域的科技人员流动更快一些。总之，四川科技资源跨区域整合力度不够，促进资源特别是人力资源合理流动的机制还不健全。

表 4-14　　2003—2013 年四川重点区域科技资源占比变化情况

年份	科技活动人员		科技经费（%）
	合计（%）	成都（%）	
2003	74.60	45.60	87.62
2010	76.13	48.62	78.13
2013	76.90	46.13	58.45
2010 变化量	1.53	3	-9.49
2013 比 2010 变化量	0.77	-2.49	-19.68
2010 变化幅度	2.05	6.58	-10.83
2013 比 2010 变化幅度	1.01	-5.12	-25.19

注：重点区域指成、德、绵、宜、广安以及攀枝花市。

资料来源：《四川科技统计年鉴（2011）》《四川科技统计年鉴（2013）》《四川统计年鉴（2014）》。

7. 科技资源整合共享水平不高

一是存量公共资源开放共享度不够。四川除科技文献信息、科技数据库以及大型仪器设备等实现部分开放共享外，还有相当部分的科技资源，特别是重点实验室以及工程技术中心的大型仪器设备没有实现开放共享。四川大型仪器用于开放共享不到总科研仪器设备的 1/10，而北京达到 40%以上。

二是提升科技创新能力建设普遍存在重投入、轻整合的误区。大部分科技创新主体特别是企业往往只关注不断加大科技投入、实施更多项目，而对目前已经拥有的科技创新资源利用程度不够。

三是共享的环境有待加强。一些以共建共享为目的的科技资源项目，由于利益和制衡的机制不健全，常常是共建，但没有真正起到共享的目的，对外开放程度不够。另外大部分科研机构及大学不愿意主动积极参与全省的科技资源共享平台建设，一方面科技资源共享收益低，不愿共建共享；另一方面更重要的是共建共享的管理和运作机制不畅，缺乏专门的服务管理人员。这从整体上说明了四川科技资源整合社会文化意识有待加强，积极性有待提高，共享的运行机制有待完善。

五、各地区科技资源整合模式经验及启示

根据四川资源特点，我们重点选择了与四川科技资源相似的北京科技基础条件平台整合模式、江苏的“产、学、研”联盟整合模式、国际军民融合整合模式以及以科研机构为龙头的开发模式——台湾工研院4个案例进行经验归纳总结，以资借鉴。

（一）科技条件平台整合的“北京模式”①

近年来，为进一步深度整合科技资源，北京市科委通过建立网络化的科技资源开放服务体系和研发实验服务基地，并采取科学合理的市场化制度安排，促进首都科技资源向社会对外开放共享的“北京模式”。这一模式有效地解决了科技资源条块分割、开放共享困难的问题，提高了科技资源的利用率。其主要做法为：

1. 整合资源，建立行业领域平台和研发实验服务基地

首先是建立行业公共服务平台。结合国家和北京市重点发展领域的要求，采取行业分类聚集的方式，针对产业共性问题按企业需求建立行业领域平台，平台由北京市科委下属专业中心管理，实现部分科技资源开放。其次进一步以协议的方式共建科技条件平台研发实验服务基地。各基地对本单位与科研教学有关的所有仪器设备等科技资源进行系统梳理与分析，3年时间全部实现向社会开放共享，解决了科技资源整体开放的问题。通过搭建领域平台和研发实验服务基地，北京市科委建立了有效的工作机制和利益分配机制，使之成为一个有机整体，实现了科技中介机构、高校院所、企业之间的有效互动。2009年，北京市科委投入5 800万元，撬动了76.3亿元科技资源，促使264个国家、北京市重点实验室和工程中心，13 112台（套）仪器设备向全社会开放。这些科技资源占科技部中央在北京科技资源调研量的40%。

2. 创新体制机制，引入专业化、市场化的服务机构

首都科技条件平台引入专业服务机构②作为核心运营与服务载体，高校院

---

① 北京模式：国家科技资源整合的破冰之旅［EB/OL］. http://www.xminfo.net.cn/html/2010/china_0430/13678.html.

② 在本工作体系范围内、具有独立法人资格、公司化运作且具有运营服务能力的专业服务机构。

所通过与研发实验服务基地专业服务机构签署协议，将开放科技资源的经营权授权给他们，只收取一定的管理费用（5%）。专业服务机构作为研发实验服务基地通过专业化的服务团队，充分发挥整合资源、调动资源、挖掘市场需求、对接服务及深度研发实验服务五方面的作用，对开放的科技资源进行市场化运营，并通过建立合理的工作机制和利益分配机制与高校院所对接，解决了高校院所开放科技资源服务市场化问题，同时建立起了政府退出机制①。

3. 创新管理模式，建立起新型组织结构和网络服务体系

首都科技条件平台组织结构由总平台、基地、领域平台和成员单位组成；网络服务体系则包括各级领导、科研人员、技术支撑人员、联络员和工作人员组成的工作团队。这样的管理模式解决了条件平台涉及单位多、管理分散、统筹协调难的问题；实现了聚集效应，对开放的科学设备采取统一的对外形象；培养了一支从事条件平台经营管理与服务的队伍。

4. 强化平台内部绩效管理

北京市科委通过政策引导、协议约束和机制带动，除与各成员单位签署合同外，还强化首都科技条件平台的内部管理和运营，建立一套科学合理的考核指标体系，对各成员单位实行绩效考评，规定各单位每年开放设备的数量，使高校的资源得以真正利用。同时，12 家基地和领域平台全部出台红头文件，有自己的管理办法和措施进行规范管理。

下一步，首都科技条件平台将进一步完善科技资源开放共享的工作机制和市场化运营机制，提升专业服务机构的服务能力，同时加强与科技金融的结合，有效支撑国家和北京市的科技重大专项，成为支撑首都区域创新体系建设、支撑企业自主创新与产业发展、支撑国家和北京市科技重大专项的重要平台②。

总之，“北京模式”的成功实践，给我们的启示是：科技资源基础条件公共平台整合要以行业整合为出发点，按市场化的制度设计和运作，要有专业化的运作机构和团队，明确科技资源所有者、经营者、管理者的责权利及相互制约关系，确保多方共赢的实现。

（二）军民融合的国际模式

“冷战”结束以来，军民融合式发展成为各国关注的焦点。由于国情不

① 目前各基地的经费来源有政府政策、单位投入和市场挣钱三个渠道。

② 北京：市场运作破解科技资源整合难题［EB/OL］. 科技日报，2010-05-04. http://www.analysis.org.cn/Item.aspx? id=114.

同，所处的历史时期和发展阶段不同，各国有针对地提出了一些军民融合的思路、方法及措施。以美、俄、以色列为代表的军工发达国家在国防科技工业军民融合方面取得了重要的进展，其主要做法值得借鉴。

1. 美国的“军民一体化模式”的主要做法

（1）国家颁布和制定法规政策以及军政部门的协作促进军民融合。美国国会从1990年开始，通过每年度的《国防授权法》和制定《联邦采办改革法》等一系列法案和政策促进军民融合并建立起跨部门的联合协同机制以及为促进军民两用技术双向转移的技术转移部门。

（2）实施和管理军民融合的科技计划。美国设立了技术转移法、两用科学计划、小企业创新计划10余种军民融合科技计划，并由国防部技术转移办公室等专门的部门实施和管理，使军民融合计划真正落到实处。

（3）培育开放型、市场化的军民结合型创新主体和产业链。美国军民融合创新主体基本是市场导向型的，市场需要什么，军民融合企业就开发什么，政府还斥巨资吸引“两用技术”，私营企业大多是军民结合型企业。

2. 以色列的“以军带民”模式的主要做法

（1）大力推行“军转民”和“民转军”。主要举措：一是政府鼓励从军工企业转下的员工为“军转民”工作做贡献；二是军工企业收购民用企业，以分散企业风险；三是利用民间资金推动技术的转移；四是进入准军用市场，如警察等行业。为增强企业活力，允许军工企业开展多种经营，拓宽民用市场。

（2）重视军工企业的军民结合。以色列军工企业重视军民结合，带动了一批与国防相关的高技术产业的迅速发展，在航空工业和电子工业特别突出。

（3）国防部研制机构公司化。为与国际市场环境接轨，有利于国防部下属机构及企业开拓业务范围及开展国际合作，推进了国防部研制机构公司化改制，增强了更多的企业经营自主权，并迅速提高了竞争能力。

总之，以色列“军带民”模式对国民经济发展发挥了重大的作用，推动了高技术民用产业的大力发展。

3. 俄罗斯“先军后民”军民融合模式的主要做法

（1）出台政策，力促军工企业“军转民”。

（2）充分利用国防工业的军民两用技术，使国防工业成为不断向国民经济提供先进技术的源泉。

（3）加强军民两用技术的出口，带动国民经济发展。

以上三个国家军民融合的主要做法表明：军民融合式发展离不开国家的整体发展战略以及军政部门的协同配合，必须充分发挥计划和市场相结合的激励机制，以军民技术双向转移为基础，选择“民军”共用需求的两用技术及产业来优先发展军民融合。军民融合的深度和紧密程度既与本国的法律法规及政策紧密相连，也与本国的经济发展水平和国际环境密切相关。

（三）以人才为核心、企业为主体的“产、学、研”联盟的江苏模式①

2013 年，江苏科技进步对经济增长贡献率达 72%，全社会研发投入突破 1 000 亿元，研发投入占 GDP 的比例达到 2.2%。在 2013 年《中国区域创新能力报告》中，江苏连续第五年荣膺冠军。江苏抓住新一轮经济转型，通过人才、技术、资金等创新要素的大幅升级和重新组合，铸就创新高地。其主要做法值得借鉴：

1. 高起点引进创新创业人才

人才是创新之本，江苏的人才战略近年来大幅升级，其标志是放眼全球，而且尤其重视创新创业能力。“高层次创新创业人才引进计划”，立足本省重点发展领域和产业，面向海内外招揽高层次创新创业人才 916 名，如今每年的专项资金达 4 亿元；“科技创新团队计划”，重点面向江苏新兴产业发展需求，瞄准世界先进水平和国内顶尖水平团队，两年共资助 21 个团队；“企业博士集聚计划”，目标是自 2010 年起 5 年资助 2 000 名左右在江苏企业创新创业的博士。

近 3 年来，江苏省引进高层次人才近 9 万名、创新创业团队 2 200 多个，特别是“千人计划”人选达到 176 人，创办高科技企业 1 000 多家，产生了引进高层次人才、创办高科技企业、发展高技术产业的链式效应。

2. 坚持企业主体，加快集聚创新资源

江苏的企业创新能力位居全国第一。作为国家技术创新工程首批试点省份，江苏切实强化企业在技术创新和转型升级中的主体地位，更大力度地引导创新要素向企业集聚，培育更多的创新型企业和高新技术企业。

一是将研发机构建立到企业、将创新人才引进到企业，优质创新资源向企业集聚的态势明显。江苏依托行业龙头企业，先后建成了江苏钢铁研究院、无锡尚德光伏研究院和联创软件研究院等一批重大创新载体。目前，江苏 70%以上本土大中型工业企业建有研发机构，其国家级重点实验室和工程技术研究中

① 赵京安，申琳. 创新人才，集聚创新资源，优化创新环境——江苏创新驱动引领转型[EB/OL]. 人民日报，http://www.foods1.com/content/1460867/，2012-02-10.

心数量居全国省、市、区第一。

二是建企业院士工作站、研究生工作站、博士后工作站和企业技术中心等“三站一中心”建设，成为创新人才进企业的重要载体。为此，江苏实施了“校企联盟”行动，组织省内190多所高校院所的1 000多个主要学科与2 000多家企业结对合作，目前已建校企联盟6 000多个，1万多名科技人员深入企业开展科技服务，形成人才“千军万马”进企业搞创新的生动局面。

3. 以高效率的“产、学、研”结合为代表，促进人才、科技、资金等创新要素的升级重组

江苏重点推进的“科研在高校，创业在园区”双栖模式，意在促进高校、科研单位和企业之间的人才互动交流，特别是鼓励高端人才到企业创新创业。在“产、学、研”合作载体建设方面，江苏企业与国内高校院所建立省级以上“产、学、研”合作载体1 000多个，累计实施“产、学、研”合作项目3万多项。特别是在“产、学、研”合作长效机制方面，江苏勇于改革创新，通过设立每年2亿元的“产、学、研”联合创新资金，引导企业介入高校院所早期研发，努力从源头上扭转高校院所的科研导向，实现“产、学、研”的真正紧密型合作。

“科技镇长团”，是江苏“产、学、研”结合推动基层科技创新的重要手段。力促高校院所科研活动重心向应用下移，进一步推动选派科技镇长团、教授团、博士团主动对接地方需求，构建基层“产、学、研”工作网络。

从2008年启动到2011年年底，江苏共有600多名教授、博士在苏南、苏中34个县市区的322个经济强镇或园区任职。

江苏科技资源整合的成功，给我们的经验及启示是要重视高层次科技资源的引进和整合，要充分运用财政资金引导作用，设立人才引入专项资金，促进国内外高层次人才向企业集聚，通过人才流动整合来实现科技资源的综合整合能力。同时要强化校企联盟与基层“产、学、研”联盟模式，促进大学和科研机构为地方经济服务，另外科技公共服务平台和中介服务平台以及科技金融服务建设也十分重要。

（四）以科研机构为龙头的台湾综合性工业研究院①

弹性的组织结构、市场导向的运作机制，使台湾综合性工业研究院（以下简称工研院）成为台湾绩效显著的公共科研机构，对台湾的经济、科技发

① 陈喜乐．科技资源整合与组织管理创新［M］．北京：科技出版社，2010：173-179.

展做出了巨大的贡献。

工研院成立于1973年7月，是在原“经济部”所属的联合工业研究所、联合矿业研究所与金属工业研究所基础上成立的非营利性财团法人，其目的在于从事实用性应用科技研究，以协助产业界加速产业技术的发展。目前工研院下设化学工业、机械工业、电子工业、电脑与通信、能源与资源、工业材料、光电子工业7个研究所与测量技术发展中心、工业安全卫生中心、环境污染中心、航太工业技术发展中心、生物医学工程中心、产业经济与资讯服务中心、纳米科技研发中心等规模较小的研究单位，其承担引进、开发新技术和向民间转移成果的重任，成为沟通台湾研发活动上下游的桥梁，从而达到推动工业升级的目标。工研院的运作，使其成为台湾实施“科技导向”经济发展战略的中坚力量，在台湾科技发展体系中占有重要的地位。其主要做法是：

1. 建立弹性的组织结构和市场化服务体系

作为公设的法人，工研院设有董监事会，院长和董事长由“行政院”聘任。董事会下设院部、研究所（或中心）、研究组（或技术组或工程组）三级行政管理与研究发展机构，形成以项目开发研究为核心、产业技术集成为纽带、前瞻性工业技术发展为目标的由下而上、具有柔性结构的科研组织。并以政策为导向扩充和调整研究机构，以需求为目标不断完善服务体系。经过多年努力，工研院逐步建立起一个由内而外、自上而下的服务网络体系，在台湾50个工业开发区内以及各市、县设有技术服务窗口。并根据需要成立了面向整个产业界的“产业经济与资讯服务中心”，使其成为台湾产业升级的智能库、国际竞争的驱动力、厂商决胜的伙伴、产业咨询的渠道。

2. 建立独特的多层级管理运作模式

一是建立民办官助，独立运作的管理模式。工研院以“政府”资助，独立运作的优势，积极参与国际技术合作，吸引海外留学人员；以创新技术研究为纽带，沟通学校与工业界的联系渠道；以政策为导向，推进“政府”资源与民间资源的结合；以民间关键技术需求为导向促进工研院与企业紧密联系。

二是建立中试基地，提高科研成果产业化效率。科技成果转化难，转化渠道不畅是世界性难题，其关键是缺少从实验室技术向市场可接受的产业技术转移的中间平台（基地），工研院抓住这一核心要点，建立中试基地，即“实验工厂”，先后研发、转移、衍生许多具有开拓意义的生产技术及企业，成为台湾新兴高科技产业的重要推动者。

三是适时调整经营策略，提升自身研发层次。随着台湾企业研发能力的提高和自身实力的增强，20世纪90年代初期，工研院将其功能和目标进行了重新定位：以台湾未来5~10年的技术需求做先导性的研究，并通过提高院内创新前瞻性研发经费、重奖创新前瞻性研发人才、成立创新前瞻性研发单位等措施，加强创新前瞻性技术研究，提升自身的研发层次。

四是大力推动策略联盟，提升台湾整体研发实力。在国际高技术竞争日益激烈、保护日益严密，台湾产业升级和转型面临严峻挑战时期，作为产业科技研发服务的龙头，工研院先后与新竹科学园区和“中央研究院”结成联盟伙伴，共同为台湾高新科技产业提供智力与服务支援。其各研究单位也积极行动，建立或主导各部门技术联盟。与此同时，工研院也大力开拓与国际著名科研机构、科技集团以及内地相关单位的策略联盟，以专利交互授权、共建研发与技术转移平台、进行产业资讯交流等方式，提升台湾整体研发实力。

台湾工研院运作的成功，给我们的启示是：在科研机构分散，科技中试条件缺乏的条件下，建立以社会经济发展为目标，科技成果转化的“实验工厂”，使之成为科技成果转化的中试平台，对促进科学技术成功向企业的转移和对接具有重要的推动作用。

六、进一步整合优化四川科技创新资源的原则及思路

（一）进一步整合优化四川科技资源的原则

资源的整合最终是实现资源社会效益的进一步优化和各资源主体利益的极大化。因此在市场经济条件下，科技资源作为公共资源和私有资源的双重性，进一步整合四川科技资源应遵守以下原则以达到实现科技资源整合的目的。

1. 实际与借鉴相结合原则

坚持从实际出发的原则。坚持从实际出发是科技资源整合的最根本原则。科技资源整合必须以四川科技资源军工央属资源多、科技成果转化困难、科技中试平台缺乏以及可利用资源总量、结构和规模等现状为依据，结合四川科技资源整合实际以及建设天府新区、加快成渝经济区合作、建立西部科技创新高地和经济高地等目标进行整合。

坚持借鉴的原则。成功和失败的科技资源整合经验，都能丰富科技资源整合的知识，增强科技资源整合的成功率。

2. 自愿参加与积极推进相结合原则

自愿参加原则。四川科技资源大部分是国有资产，主要是在财政支持下产生建立的，因此，整合是具有基础的，是可行的。但分属不同部门和机构，各

自的利益不相同，在没有直接涉及国家和全省最根本利益和重大公共利益时，应尽量采取科技资源主体自愿参与科技资源整合的原则。这既是尊重相应社会主体法定自主权的需要，也是确保科技资源整合行为合法化的需要。

坚持积极推进原则。由于体制机制约束以及整合成本约束，四川科技资源主体自愿通过市场配置整合科技资源积极性不高，科技资源利用率低，重复建设严重。以省科技厅为首的相关部门应主动利用自身在科技计划资金、项目和政策制度安排等方面的优势积极推进相应科技资源的整合、集聚，包括相关单位内部科技资源整合、行业科技资源整合、区域科技资源整合，以确保不同单位、行业以及区域的科技资源结构得到进一步优化和统一规划实施。

3. 保密与共享同步原则

保密原则。科技资源特别是科技技术成果和科技信息，既有可能涉及国家秘密，包括军事和技术等方面的绝密、机密和秘密事项等，也有可能涉及商业秘密，包括技术信息和经营信息方面的商业秘密。在科技资源整合过程中应遵循保密原则，四川央属军工科技资源较丰富，更应坚持在科技资源整合过程中注重保密的原则。这既是维护科技创新主体利益的需要，也是确保国家、地区利益和安全不受损害的需要。

共享原则。共享是科技资源有效配置、充分利用的重要方法或手段之一，科技资源的保密原则并不完全影响科技资源的共享，科技资源的共享是在法律法规以及条例允许的条件下进行的。因此，科技资源整合，要坚持促进科技资源共享的原则，通过科技资源共享平台以及网络化，使区域或允许范围内的人员都可以通过平台服务载体和窗口享受同等科技资源的待遇。这既是避免科技资源闲置和浪费的需要，也是避免科技资源不足影响科技创新的需要。

4. 主体利益实现和成本适当原则

主体利益实现原则。利益是推进资源拥有各方合作与共享的根本，在区域创新资源整合过程中，各主体合作与共享的核心问题就是利益分配。科技资源中不仅会有动产和不动产，还包括许多物权，因此，四川科技资源整合要确保各资源主体的产权明晰、预期利益清楚和利益实现。

成本适当原则。科技资源的保护、开发和运用是有成本的，科技资源的整合也不例外，科技资源整合要考虑其机会成本，整合后的近期和远期利用效率提高所带来的净收益与整合及保持其运作的成本、风险等因素，这些成本都必须进行评估，而不是为整合而整合。

5. 相关机构同时整合与重点整合结合原则

相关机构同时整合原则。对科技人力、财力以及物力资源的整合，最终是要通过对科技管理机构、科研机构和科技中介服务机构进行整合实现预期目标，因此，整合科技资源要坚持相关机构同时整合原则。

分步骤有重点整合原则。科技资源的有限性以及科技资源整合的成本性和有效利用要求科技资源的整合要有重点、分步整合。四川科技资源近期整合应根据科技经济发展规划，优先整合四川的特色优势产业、重点发展区域以及科技资源丰富配置效率低的区域。

（二）进一步整合四川科技资源的思路

在我国现有的制度框架下，根据四川实际，借鉴国内外经验，“十二五”中后期及远期四川科技资源整合的思路是：充分运用现代信息网络技术，以“研发转化、资源共享和增强自主创新能力”为目标，以市场需求为导向，以政府顶层设计和统筹规划为中心，以成都市科技资源整合为重点，以“7+3”优势产业为主线，以创新型企业为主体，以天府新区和科技资源配置优势区域为转化主战场，采取“产、学、研”、军民融合、跨区域联盟等模式，着力实施“三大工程”和“三大行动”①，运用财政、法律、政策等制度手段，通过科技资源物理和空间的重组、集聚、分散以及共享方式，促进四川科技资源的优化配置和高效流动，整体提升四川科技对经济的支撑能力，推动产业结构转型升级。具体的整合思路如下：

1. 以政府整合为主导

政府直接或间接地主导着科技资源的投入和公共创新资源整合的政策与法制环境，在四川科技资源整合难的现状下，要充分发挥政府在科技资源整合中的优势和主导作用，并切实抓好以下工作：

一是要抓规划和研究。着力加强科技资源整合的顶层设计和统筹规划，结合我国及四川省科技发展规划（2006—2020 年）以及四川省“十二五”及远期规划等，编制四川省科技资源整合“十二五”中后期及远期规划或战略研究等，为四川科技资源整合提供行动指南和系统性工作方案，推进四川科技资源整合整体水平的提高。

二是要抓政策研究和制定。重点要抓科技资源整合的财政、金融、税收、人才等支持政策，共建、共享激励与约束机制，明确各方的权、责、利，着力解决在四川省科技资源使用过程中的体制机制问题，深化整合程度。

① 四川省重大科技成果转化、国家技术创新工程试点、战略性新兴产品培育三大工程；高新技术产业化发展、统筹城乡科技支撑、科技服务民生三大行动。

三是要抓公共技术平台建设，特别要抓四川省中试平台和研究基地建设。重点抓好四川省科技成果转化的 7 大公共技术平台建设以及四川省综合性产业技术研究院的建设。

四是要抓“产、学、研”基地建设，推进整合“官、产、学、研”战略联盟。重点抓好天府新区科学城的“产、学、研”基地、绵阳科技城、攀西战略资源创新开发试验区以及其他老工业区新区“产、学、研”基地建设。

五是要抓知识产权保护，构建科技资源资整合的重要法律保障。

六是要抓中介服务机构组织建设。抓中介机服务构组织建设，特别要抓好科技资源整合的金融服务机构组织、成果转化机构组织建设，优化科技资源整合的生态环境。

2. 以“7+3”产业和高技术产业（行业）整合为主线

产业发展对一个城市或地区发展的重要性不言而喻，整合科技资源主要对象就是各产业或行业的资源存量，重要目标就是提高产业和行业发展水平和投入产出率，而且科技资源整合的许多实际过程也在产业发展中实现。坚持以产业和行业整合为主线，根据四川省行业科技资源配置的效率来看，除教育和采矿业科技资源投入产出配置效率较高，其他行业科技资源都没有得到充分利用，特别是非公共产品行业的制造业等。因此，应以四川具有特色和资源优势，科技资源配置效率不高的制造业中的“7+3”产业的承接和整合能力强的高技术产业整合为重点，以产业园区和研发基地为载体，以产业集群为突破口进行纵横向科研资源的集聚和整合，着力推进科技资源向主导产业聚集。

一是要抓区域主导产业，充分发挥主导产业资源，形成集聚作用。根据四川实际情况，以“7+3”产业及高技术产业为重点，从省级出发，省、市、区联动，统一协调，前瞻性地规划和遴选出各地区的主导产业及各主导产业的比较优势业态，促进产业上中下游相关行业的相对集中，以产业为平台集聚国内外各类相关资源。成都市应重点和优先对电子信息、现代中药、航空航天、汽车制造、生物工程、新材料以及高端服务业等 7 大产业进行整合；绵阳重点对航天航空和数字电视为重点的电子信息行业进行整合；攀枝花重点对钒钛钢铁产业进行整合；德阳重点对装备制造业进行整合；宜宾等应重点对以白酒为主的食品行业进行整合；阿坝、凉山等重点加强对能源电力行业的整合，基本形成以成都市多业为主，其他市（州）以主导产业和多市（州）联合整合的行业整合思路。

二是抓产业园区、产业基地建设，规模化整合产业发展的各类资源。产业园区和产业基地是科技资源规模化整合的载体和平台。重点要加快天府新区科学城和绵阳科技城以及攀枝花等老工业区的新城区建设，着力推进成都、绵阳、自贡、乐山等省级及以上高新区及特色产业基地的建设，促进各类科技创新资源向高技术产业园区以及特色产业基地集聚。

三是抓产业集群，形成产业链之间的联动效应。重点抓成德绵高新技术产业带、攀西钒钛钢铁材料产业集群、川南地区化工科技产业集群以及川东的白酒产业集群的科技资源整合，促进相关主导产业纵横向相关科研资源的立体化、网络化集聚。

3. 以创新型企业和高技术企业整合为主体

企业是技术创新最重要的主体，整合科技创新资源关键是要发挥企业作为创新资源整合的主体作用，促进大学和科研机构的成果和人才向企业聚集。根据四川整体及各市（州）主导产业分布，以龙头企业或大企业集团为核心，以创新型企业和高新技术企业为基础，以重大成果转化项目、重大工程以及平台建设为抓手，推进四川科技资源向企业集聚。

一是以“7+3”产业和高技术产业的龙头企业为核心，引领带动全省科技资源向企业集聚。龙头企业不仅拥有丰富的市场资源，本身也拥有很多科技创新资源，它是各类创新资源集聚的重要平台，能够面向国内外集聚各类高端资源、优质资源，从而优化整合资源的质量与水平。如成都地奥集团、绵阳的长虹集团、宜宾的五粮液集团，均是一手抓科研，一手抓市场的行业龙头大企业。因此，要重点抓地奥集团、四川航空集团、长虹集团、东电集团、攀钢集团、五粮液集团、南骏汽车有限责任公司、四川盛马化工股份有限公司等一批创新能力强的大企业、大集团整合科技资源，以重点实验室、工程技术中心、生产力促进中心建设以及成果转化等重大项目为契机，充分发挥其在科技资源整合中的引领带动作用，促进科技资源特别是人才向大企业集聚。

二是积极鼓励创新型企业和高技术企业主动参与科技资源的整合。对于产业规模不大，具有一定创新能力和市场空间的创新型（科技型）企业和高技术企业，要鼓励其积极主动对接大学和科研院所，通过“产、学、研”联盟、服务外包等方式，促进企业与大学研究机构甚至是大企业集团的互动。

三是要抓市场建设，以规范市场推进各类企业资源的整合。企业是面向市场生存和发展的，市场是企业成长和发展的土壤，通过培育市场来带动企业整合有利于加快资源整合的产业化发展，有利于形成资源整合的长效机制。应重点加强开放性市场的建设，在增强环境保护要求的同时，从规模和绩效上降低全省各行业企业市场的准入门槛，允许更多的民营企业和外资企业进入四川准公共产品行业。

4. 以科技资源配置效率低的区域为重点

通常情况下，如果科技资源的存在和利用已经很难产生有效的科技创新成果（直接和间接成果）时，一般都应对科技资源进行整合①。根据四川各市（州）科技资源配置效率以及各地区科技资源的丰缺程度，“十二五”中后期及远期，四川省应以成都市科技资源整合为重点，大力加强对绵阳、德阳、宜宾科技资源的整合，积极推动自贡、泸州、攀枝花、内江、乐山、广元、达州、遂宁等老工业区科技资源的进一步整合，鼓励资源配置效率高和科技资源短缺的地区积极承接或主动对接科技资源的转移，整体提高四川科技资源利用率。具体整合思路为：

（1）加强对成都市科技资源的整合。一是加快成都市域大学、科研机构创新成果及人才向天府新区集聚，优化成都科技资源的就地内部重组整合；二是重组转制科研机构，构建四川省工业技术产业综合研究院，促进科技资源特别是人才在空间的物理集聚；三是加强与其他市（州）、县（区）甚至乡镇的“产、学、研”合作，建立科研分支机构、研发基地或实行科技特派员等方式，促进成都科技资源向科技资源配置效率具有比较优势或短缺的“三州”地区、边远山区以及基层流动，实现科技资源在空间的跨区域配置；四是要鼓励科研机构及人员参与跨区域合作与交流。

（2）大力推动绵阳、德阳和宜宾等军工和央属科技资源的就地整合。进一步深化科技体制改革，以军民两用技术为重点，以军民互动共赢为根本，以中国（绵阳）工业研究院为龙头或核心平台，通过财政、税收、用地以及组织管理等体制机制创新，促进绵阳、德阳以及宜宾等军工和央属科技资源的就地整合。

（3）进一步优化和整合自贡、攀枝花、泸州、内江、资阳、乐山、广元、达州、遂宁等科技资源。一方面要加强对这些地区自身科技资源自身就地整合，另一方面要有选择地承接成都以及省外的科技资源转移。

七、进一步推动四川科技资源整合的模式选择

根据四川科技资源“两强两弱，一多一少”的特点以及科技资源整合的现状，结合“十二五”中后期及远期加快科技成果转化、建设创新型四川、

① 李兴江，赵光德. 区域创新资源整合的机制设计研究［J］. 科技管理研究，2009（3）.

打造西部科技创新高地，促进产业结构调整升级和转变经济增长方式的战略目标。现阶段四川应着力推进科技资源整合的模式为：进一步完善以企业为主体的“产、学、研”联盟模式，深化以军民两用技术为突破口的军民融合模式，以科研机构为龙头的工业技术综合研究院模式，以人才和项目为纽带的跨区域联盟模式，以网络化的开放的科技基础资源共建共享服务模式。

（一）以企业为主体的“产、学、研”联盟模式

“产、学、研”联盟缩短了技术成果市场化的时间，降低搜寻成本和市场风险，是科技资源整合的重要有效形式。要加快建立类型多样、功能完整、组织严密、高效运行的“产、学、研”联盟组织，形成国际、省际、区内、基层四位一体、层次分明的“产、学、研”大联盟，力争到“十三五”末建立起省级及以上“产、学、研”联盟达到300个，全覆盖四川省重点产业和战略性新兴产业（行业）甚至业态，使企业与大学和科研机构自觉互动联盟成为一种常态和风气。

1. 大力推行简单适用的校企联盟模式

在市场配置的基础条件下，从政策支持和人文环境两个层面推进四川省企业与大学、科研机构主动联盟，以协议为基础，鼓励企业和大学科研机构共同研究开发、人才互动、利益共享，建立起企业与大学科研机构自觉互动联盟，营造企业与科研院所唇齿相依的关系。力争 10 年内四川各市（州）360 多所院校（含职业技术学校）和 1 000 余个地方所属科研机构与四川省中小微型企业特别是科技型企业和高新技术企业都基本建立起合作联盟关系，促进四川科技资源的广泛整合，见图 4-3。

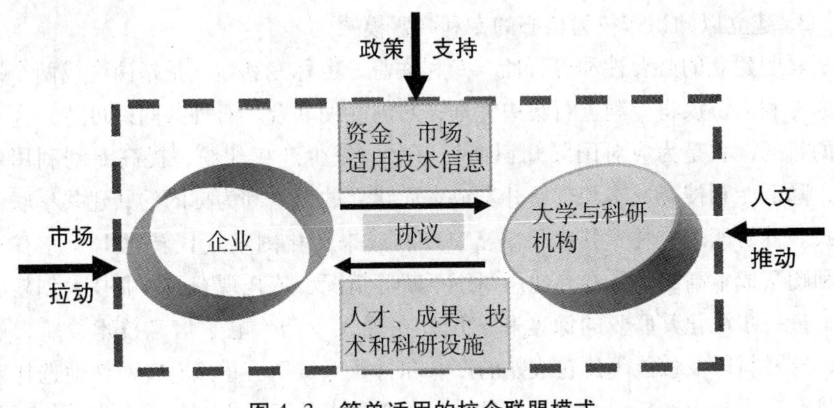

图 4-3 简单适用的校企联盟模式

2. 探索建立“产、学、研、政、资、介、用”“七位一体”的联盟模式

根据四川重点行业和产业发展的需要，在“军民融合”“院地结合”“校企合作”“企企合作”“研企合作”“校研企联合”过程中，特别是对四川省具有重大战略意义的天府新区科学城、绵阳科技城的建设以及重大专项的实施过程中，大胆探索建立以资本和产权为纽带，以企业为核心、大学与科研机构为支撑、政府推动、资本铺路、中介参与、领先型用户引导的“七位一体”的联盟模式（见图4-4），强力聚集从科技项目申报、到科技成果取得、到成果产业化全过程所需的全部科研资源要素，建立一种具有较强稳定性的科技创新产业价值链，形成高层次、高效率、循环互动的综合性产业联盟，促进四川科技资源的纵深融合，紧密结合，并根据需要选择合适的创新主体，这是创新2.0视野下联盟的主要模式。

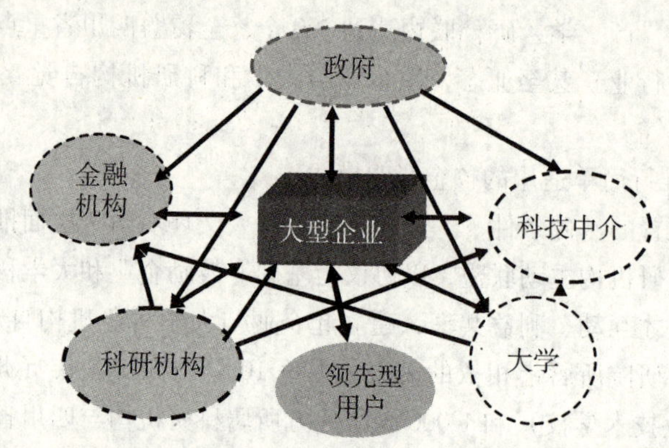

图4-4　以企业和领先型用户为核心的“产、学、研、政、资、介、用”“七位一体”的联盟模式

3. 建立以知识产权为核心的专利联盟模式

联盟建立的必要性和可行性。专利联盟，也称专利池，是指两个或两个以上的专利人协议将专利进行集中管理，对内互助联合，对外共同许可达到商业化的目的。它是为应对国际知识产权壁垒，减少产权纠纷，提高专利利用效率，降低专利搜寻成本和创新开发成本而建立的以专利为标的的共建共享联盟模式。针对四川科技专利成果丰富、专利成果转化困难（仅转化15%左右）、专利购买成本高，以及专利使用纠纷不断等情况，依托现有的产业技术创新联盟，进一步深化其联盟的深度和广度，在现代中药、电子信息技术、航天航空、新材料以及核能等比较成熟的产业和行业领域里有重点有针对性地选择四川具有自主知识产权、产业甚至是业态核心技术处于国内领先国际先进的企业组建专利联盟十分必要和紧迫。

联盟方式。学习借鉴海内外，特别是广东专利联盟经验，由知识产权局、科技厅引导，龙头或核心企业倡导发起，以成熟行业或产业为基础，以共建共享为核心，通过协议的方式，专业化的运作，建立起以省内相关行业本土化企业为主，省外企业参与的广泛的专利联盟。专利联盟成员可以免费、交叉许可或低价使用专利池的所有专利，对联盟外共同许可，实现联盟商业化利益，见图 4-5。

联盟的目标。通过联盟对于提高四川专利实施率，打造四川自主知识产品品牌，推动四川产业向高端化、内涵式发展，提升产业竞争力和价值链具有重要的现实意义。力争到 2020 年，四川省能在高端制造、平板电视、中药现代化、新材料等领域建起 10 个专利联盟。

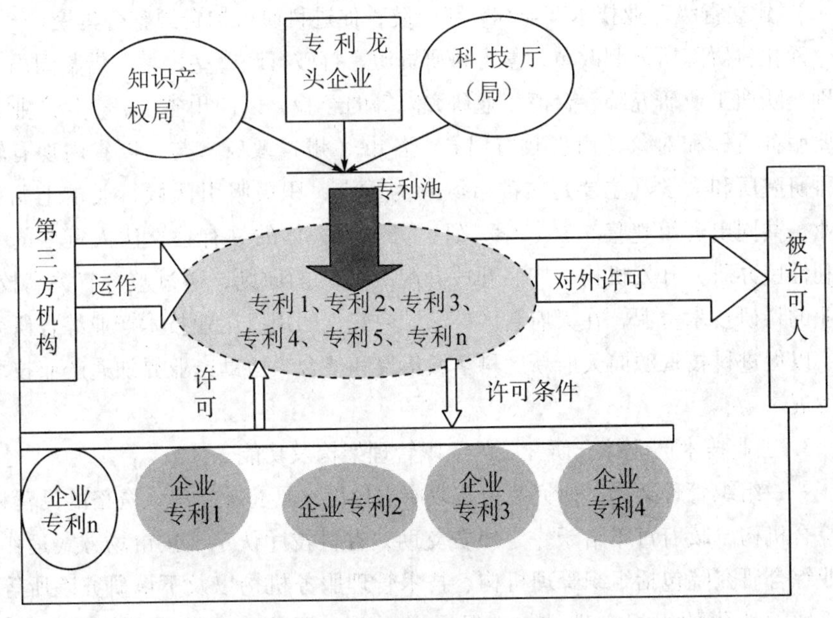

图 4-5　以知识产权为核心的专利联盟模式

（二）建立以科研机构为龙头的省级工业技术产业综合研究院

1. 建立省级工业技术产业综合研究院[①]的必要性

尽管四川省目前已建起 10 个专业化的产业技术研究院，但没有建起一个

① 产业技术研究院即是以产业共性技术和关键技术为研究对象，以推进先进技术的产业化和提升产业结构层级为目标的研发机构，它是共性技术研发机构的一种有效形态。世界各国及地区都根据自身发展建立了工业技术研究院。

全面的集成的统领全域四川工业发展的综合技术研究院，随着产业融合和复合化发展，以及响应四川省委提出的“一号工程”，推进四川省科技成果转化和产业化，提高四川科技应用研究和工业技术研究能力和水平，实现建设天府新区，再造一个产业成都的宏伟目标，需要有强大的综合性的产业技术支撑，技术的高效转移和产业化，各区域产业的协调联动发展。因此，依托成都丰富的（75%）科研机构资源，在现有专业化技术研究院的基础上，在天府新区内建立四川省主要产业集成整合的工业技术产业综合研究院，推动省属科研机构资源的物理整合和有效利用，打造科技成果转化的“实验工厂”和桥头堡，促进四川科技成果的高效转化和跨界融合，推动产业的复合化和高端化发展已十分必要和紧迫。

2. 建立省级工业技术产业综合研究院，促进科研机构资源整合集聚

深化科研院所体制改革，整合科研资源，打破行政壁垒，学习借鉴国内外特别是陕西工业研究院、台湾工业研究院等的经验，以四川省“7+3”产业为主要服务目标和对象，由省政府倡导，各市（州）政府参与，以省内现有转制科研院所和大学（主要是成都市域）为重点，积极吸引区域行业本土龙头企业，共同出资组建集“产、学、研、资”为一体的具有独立法人资格的非营利性民办研究开发机构。按照开放办院（所）的原则，通过整合有关高校、企业的科研技术资源，在天府新区科学城内建立四川省工业技术产业综合研究院，以促进科技资源向天府新区科学城集聚和整合，协助产业界加速产业技术的发展。

3. 工业技术产业综合研究院的组织管理架构及功能

——组织管理架构。研究院由省政府倡导设立具有独立法人资格的民营科研综合机构，政府每年给予一定经费支助，省科技厅认定，按市场方式运作。工业综合研究院包括组织管理机构、技术管理服务机构以及下属研究院所等，并采取柔性化的组织管理结构，根据需要适时调整和完善服务体系，见图4-6，并逐渐建立起覆盖全省市（州）区（县）的科技服务分支机构。其中：

组织管理机构包括办公室、人事处、财务处等，主要为研究院的人财物管理提供服务；技术管理服务机构包括科技产业处、院学术委员会、技术信息服务中心、技术转移服务中心、孵化中心、产业基地、专利联盟等，主要为研究院开展技术咨询、服务、科技成果转化等提供服务；下属研究院所包括以四川省13个转制研究院所（企业）、四川省原子能研究院、四川省计算机研究院以及四川省轻工业情报研究所、四川省冶金情报标准研究所等和本土行业龙头企业（具有研究机构和研发中心的）为整合对象，根据自身的研究特长和天

府新区及至四川省重点产业发展需要，在工业研究院内设立分支研究机构即所级单位。主要包括新能源研究所、新材料研究所、电子信息研究院、机械研究所、食品研究所、化工研究所、生物工程研究所、环保研究院、建筑研究院、信息工程所院等10个院所。

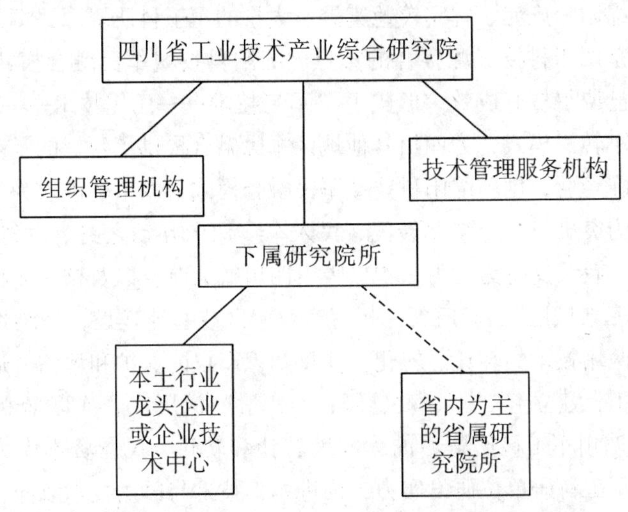

图4-6　四川省工业技术产业综合研究院的组织结构图

——主要任务及职能范围。四川省工业技术综合研究院的主要任务为：根据天府新区乃至四川地方经济的发展需求，以提升产业技术和创新能力为目标，通过关键性、创新性以及前瞻性技术的开发与推广，向企业转移技术成果，培养、输送人才；协调、组织对企业发展中重大项目的科研攻关，促进产品更新、产业升级和产业结构转型，成为能持续产生重大科研成果的创新平台和基地。主要开展技术开发、转让、咨询、服务、教育培训、企业孵化等业务。侧重于对工业经济发展趋势的判断和把握，侧重于对工业技术前沿信息的跟踪、分析和整理、集成并创新，侧重于集诸家之长组织对重大关键技术的攻关和对国外先进技术的引进、消化、吸收基础上的再创新，是一个集“产、学、研、培”为一体的科技创新平台、科技资源整合联盟综合体。

4. 整合目标

通过有效整合集聚四川工业研究机构科技资源和创新要素，构建高效的科技管理模式、灵活的运行机制和畅通的共享机制，促进四川分散的科技研发资源向天府新区科技创新城聚集，力争到“十三五”把四川省工业技术产业综合研究院打造成四川“旗舰型”科技中试创新平台、共性技术研究以及由核心技术支撑的产业化基地，在“产、学、研、资”创新体系中创新要素汇聚、创新机制灵活、有效引领和支撑企业发展的创新载体和平台，成为四川发展经济战略实施“科技导向”的中间力量。

（三）以军民两用技术为核心的军民融合模式

成都、绵阳、广元、宜宾等地集聚了大量的军工科研资源，军工科技资源的整合仍然是四川科技资源整合的重点。绵阳科技城军民融合模式经过近15年的发展，已取得较好成效，形成了“军工技术——民用技术——民用产品”三级转化的军转民模式，为四川其他地区军民融合提供了很好的示范样本。

借鉴国际经验，创新绵阳科技城军民融合模式，以市场需求为先导，以军民两用技术为突破口，走“军转民、民入军”双向互动之路。由省政府牵头，部省市共建，政策支持为动力，积极吸引四川航天航空以及核工业科研院所等参与绵阳“三新城区”、天府新区相关产业园区或基地建设，鼓励地方企业积极承接军民两用技术的转让、转化，注重知识产权的保护和评估，通过利益共享、风险共担，建立起“军、政、研、产、学”深层次合作联盟机制（见图4-7），促进四川军工科研资源的大幅度转让和转化，民营资本大力进入军工领域，增强军工科研单位研发实力，推进军工技术与民用技术双向提升。

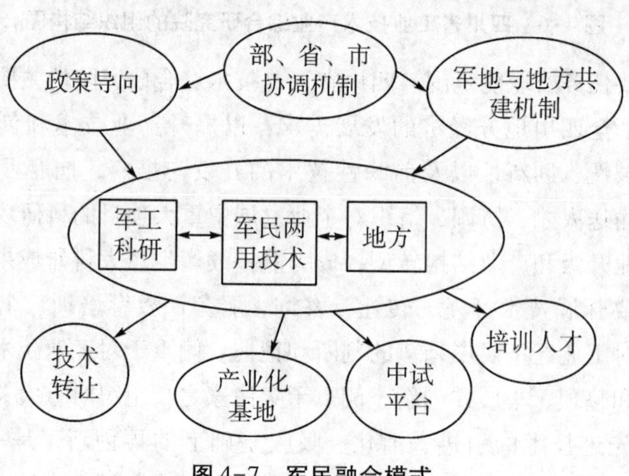

图4-7 军民融合模式

（四）建立和完善网络化的开放的科技基础资源共建共享服务模式

科技资源整合并共享的目标是通过搭建公益性、基础性、战略性的科技基础条件资源服务平台，有效改善科技创新环境，增强技术发展能力，为科技长远发展与重点突破提供强有力的支持。科技资源的共建共享首先要实现信息化。在科技基础条件公共平台建设中，共建共享最难的是仪器设备，也是四川省科技资源基础条件平台整合的难点。尽管已按行业建立起了11个领域平台，但是还处于初建阶段，规模不大、成员单位少、共用程度低、收益低，需要进一步深化整合，加大共建共享力度和平台资源的运作绩效，提高资源的利用效率。

借鉴北京模式，建立四川省大型仪器设备网络化共建共享总平台，转交专业化的公司运作，积极吸引大学、科研院所参与已建行业领域平台建设、扩大规模，并鼓励大中型企业参与平台建设；扩展行业领域平台，建立覆盖四川省“7+3”产业及高新技术产业的行业领域子平台；采取省、市、区三级科技资源开放服务模式，充分发挥中心城市示范辐射作用；以建立大型仪器实物资源共享服务为核心，通过区域内合理分工和优势互补，集成发布全省仪器信息、分析测试方法、大型试验设备、化合物谱图等资源。充分利用平台资源优势，实行对外开放和建立研发服务基地主动承接研发外包并重的“管理+经营”的多渠道增收路径，推动公共平台可持续发展，促进科研仪器设备高效利用。力争“十三五”四川省大学、科研机构以及重点实验室、工程技术中心等的大型仪器设备开放共享程度达到50%以上（见图4-8）。

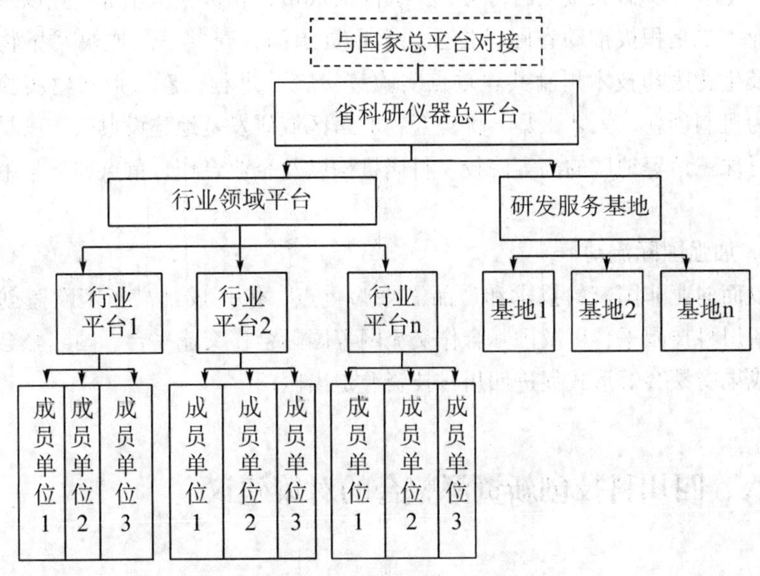

图4-8 以科研仪器资源共享为核心的科技公共服务资源整合模式

（五）跨区域整合模式

资源的互通有无和高效流动，突破了固有的资源禀赋比较优势理论的界定范围。从四川省科技资源的配置效率来看，成、德、绵、宜、广元等科技资源丰富，但配置效率不高，特别是成都的人力资源配置效率更低。而其他地区相对科技资源配置效率较好，但科技资源总量不足，带动经济增长的绝对量有限。区域科技资源及配置不平衡特征为区域科技资源的重新配置创造了条件和可能。鉴于四川区域科技资源不平衡特征仍较突出，有必要进一步加强跨区域科技资源的整合。

1. 进一步加强四川省科技资源省、市（州）、区（县）的流动

首先要加强省级科研资源特别是人力资源向市（州）区（县）的流动，建立起省、市（州）、区（县）科技资源整合平台。一是鼓励省级科研机构及单位在市（州）设立分支机构。二是与市（州）相关大中型企业建立企业研究机构、实验室，通过建立科技资源整合物理平台，促进人力资源和财力资源向市（州）、区（县）空间流动。三是以项目为依托，通过建立公共平台和研发基地促进省、市（州）、区（县）科研资源的流动，力争到2020年四川大中型企业50%以上建立起研发机构。

2. 加强省际的科技资源的交流与合作

一是进一步做大做强西博会，扩大参会成员，积极吸引东部企业以及国外大企业。二是积极推动省际科技公共平台资源的共建共享。加快“生物资源利用及生物医药技术川渝共建重点实验室实验”进程，着力把共建实验室建设成为机制创新、人才聚集、优势互补的跨区域研发基地建设典范。三是要加强与泛珠三角等地区的高等院校、科研机构以及企业合作，重点加强与中科院的合作。

3. 加强国际流动

以面向亚非国家的技术和产品需求为重点，依托成都高新区欧盟创新中心、新川科技园平台以及国际合作交流网等国际合作交流平台、国际峰会、沙龙和成果交易会等形式促进四川科技资源走出国门。

八、四川科技创新资源整合的对策建议

（一）创新科技资源整合管理体制机制

1. 创新组织管理，完善工作体系

建立政府主导、多方参与的科技资源整合协调管理工作体系。由省科技厅牵头，经省政府批准，在科技厅设立由政府、大学科研机构及企业参与的四川

省科技资源整合领导小组或办公室，并建立厅、市（州）、区三级联动的组织协调小组，协调跨部门、跨区域的工作，全面负责四川科技资源整合的总体规划、相关调研以及建议等日常工作。

2. 设立四川省科技资源统筹协调小组

充分发挥政府在政策、项目和资金方面的引导作用，打破条块分割的局面，从建设国家创新型试点城市（省）的战略要求出发，加强四川科技资源投入的顶层设计和宏观调控，自上而下地改革现有科技资源分散投入的体制。建议成立四川省科技资源统筹协调小组（见第三章），全面整合四川科技计划财政资金和项目，从源头减少科技资源的重复低水平建设，促进科技资源的有效利用和优化配置。

3. 加强政府科技部门的协调功能

一方面，政府科技部门应制定统一的“游戏规则”，创造一个开放、创新、宽松的环境，保持相关政策、法规、标准的一致性和连续性；另一方面，政府科技部门要建立相关政策倾斜机制，应充分利用财政、税收、投资、信贷政策以及外贸政策等手段激励市场主体投资和发展科技平台技术，要通过有效界定和保护知识产权，鼓励科技平台技术的研发和创新，并以倾斜政策引导科技平台技术发展走市场化的投资、建设、运营和管理的发展道路。此外，规范和维护科技平台技术市场的公平、公正竞争秩序。

4. 统一技术规范，推动科技资源共享平台的规范化建设

使用的标准和规范不同，会直接影响科技资源的共享和服务，为提高科技资源整合的水平，必然制定恰当标准和规范。四川政府科技部门可以通过招标和委托研究吸引有工作基础和研究开发能力的单位参与科技源整合平台相关技术标准、数据标准以及研究和制定工作，在科技资源整合平台的建设过程中逐步完善相关技术标准和数据标准，并通过共享在相关领域和行业中应用和推广这些技术标准和数据标准。

（二）构建和完善搭建科技资源整合平台的体制机制

1. 做好统筹规划和布局

按照统筹中央与地方、统筹创新与产业化发展需求、统筹人力资源与物质信息保障、统筹资源建设与资源共享、统筹国内资源与国际资源利用、统筹军工与民用等方面的需求，以共享机制为核心，全面整合四川军工、央属和地方科技资源。

2. 建立完善科技资源共建共享和科技资源管理新的运行机制

为确保科技资源共建共享，要通过建章立制，做到有法可依，有章可循，

保证科技资源共享等各项制度落实，重点加强科技资源供给主体的利益实现机制、营运公共服务平台的风险损失补偿机制以及责任机制等，实现平台功能的不断扩展和延伸。

3. 加强科技资源管理和运作专业人才的培养

科技平台的管理与运行，需要有一支高水平的人才队伍，必须加强人才队伍建设，制定相关政策，保障这些人才的工作和生活条件。

4. 建立以政府主导、全社会参与建设的组织体系

坚持政府主导、社会共建的原则，发挥各部门积极参与建设和管理的积极性，以少量的试点经费，引导各部门配套投入，通过加强集成和联建，优化配置科技资源。

5. 完善科技资源共享机制

进一步完善科技资源开放共享的工作机制和市场化运营机制，提升专业服务机构的服务能力，包括科技基础设施、科技资金、科技技术及服务等方面。一是通过行政引导、利益调控等手段形成健全有效的共享机制，推进大学、科研机构与企业的联合研究，从根本上消除“闭门造车”的状况。二是鼓励和支持在川高校、科研院所开放科技资源创新应用公共服务平台，形成由科技资源与信息系统以及共享为核心的制度体系和专业化人才队伍组成的，服务于自主创新活动的数字化、集成化、网络化、智能化基础性支持体系，促进科技资源高效配置和综合利用。

（三）进一步完善“产、学、研”联盟机制

1. 建立紧密型“产、学、研”创新联盟机制

以发展“创新集群”为导向，以利益共享机制为核心，支持科研机构、高等学校与企业建立长期的战略联盟，提高“产、学、研”结合的程度与水平。在实施“产、学、研”联合开发工程中，有计划地组织“产、学、研”三方面科技力量，逐步建立起企业、政府部门、高等院校、科研院所之间的有机联系，形成科学高效、协调有序的科技资源共享的管理体制，建立起以企业为主体，高校、科研机构共同参与的综合性科研项目管理体制，并着力推进“产、学、研”深入联盟。鼓励企业与高等院校及科研机构通过共建重点实验室和工程技术中心、研发基地以及组建新的公司，由项目协议合作向股权、期权合作的同生共荣的可持续发展联盟方式转变，建立紧密型“产、学、研”创新联盟机制。

2. 建立省、市（州）、区三位一体的“产、学、研”联盟专项资金

由省科技厅发起，省政府批准，省财政厅预算、市区配套，建立起省、市

(州)、区（1∶1∶1）的三位联动的“产、学、研”合作专项资金。以建立“产、学、研”紧密合作机制为重点，主要支持“7+3”产业和战略新兴以及高技术产业的“产、学、研”联合攻关科技项目的开发、研究，专业公共技术平台和研发基地的建设等，用于引导和支持科技资源和创新要素向企业集聚，资本向科技机构流动，强化“引智借脑，引资借市”，加速科技成果向现实生产力转化，提高企业的核心竞争力和区域科技创新能力。为使“产、学、研”专项资金充分发挥应有作用，省、市（州）、区（县）财政、科技等部门应联合制定专项资金管理办法，加强专项资金监管。按照“兼顾全局、突出重点”的原则，科技厅将进一步负责抓好“产、学、研”合作项目的遴选把关，并努力建立完善以政府财政投入为引导、金融投入为支撑、企业和社会投入为主体的多元化科技投入机制，拉动全社会科技创新经费投入的大幅度增加。

（四）建立投入整合并行的财政投融资体系

改变创新主体只重视增加收入、不重视整合资源的状况，采取重视投入和重整合的策略，推进科技创新资源的集成整合。

1. 完善科技投融资体系

不断完善以政府为引导，企业为主体，多渠道的科技投入体系，持续快速地加大科技投入。充分运用风险投资等金融工具，促进科技创新与金融服务的紧密结合，改善高新技术企业特别是科技型中小企业投融资环境。以盈创动力品牌为重点，积极吸引海内外风险投资和创业投资公司落户四川做大做强风险企业，让创业投资的触角延伸到每一个创新创业园，使创业投资成为中小企业成长的助推器。

2. 完善财政投资结构体系

由重研究向研究与转化并重，推动科研成果的转化；由直接项目投入向间接投入转变（以专项资金、风险补偿金、利息补贴以及人才培训等），放大财政资金的扩大和引导功能，增大企业及社会主体科技投入；由项目投入向以人力资源投入转变，鼓励科研人员带项目参与企业开发合作，或科研人员自主创业，促进科研人员向企业集聚，鼓励成都等科研人才资源丰富的地区科研人员向短缺的地区流动，通过安家补贴、项目支持、子女上学以及家属工作调动等政策促进人力资源向四川“三州”地区、革命老区以及基层等流动和优化配置。

3. 加大科技资源整合专项资金投入，建立科技资源整合的资金支撑体系

在推进科技资源整合的主要工作中，政府始终都要担当引导示范作用，成为科技资源整合的相关项目建设投资的主渠道，给予科技资源整合工作必需的持续稳定的经费投入支持。所以，四川应增加对科技资源整合的财政投入，运用经济杠杆和政策手段，引导、鼓励各类科研院所、高等院校开放自己的仪器设备、实验室、观测数据，同时，在各项计划中增加用于基础设施建设资金的投放比重。要注重建立基础设施建设制度，充实存量科技资源，改变现在科技资源分配中忽视基础设施建设、忽视科研资源的倾向，保证科研资源和基础实力的适度增长。

（五）大力发展和完善科技中介

科技中介是科技资源整合的媒介和桥梁。政府相关部门应该创造一个良好的环境，帮助科技型中介服务机构尽快适应市场经济运行模式和国际市场运行规则，推动科技中介服务业及辅助行业的健康发展。

1. 坚持政企分开，加快推进四川科技中介机构市场化运作

根据国际惯例，对科技中介服务机构的资格应该实行分类管理。一方面，一部分机构按照现代企业制度的要求进行改制，建立有限责任公司，条件成熟的可建立股份有限公司，尽快适应市场经济的运行模式和国际市场的运行规则；另一方面，将部分科技中介服务机构下放到相应的协会，更好地发挥行业协会的桥梁作用，推动科技中介机构市场化运作，更好地为科技资源整合服务。

2. 健全法律法规

随着市场经济的发展，科技与经济不断深入融合，四川科技中介服务的类型和机构会越来越多。由于专业化的发展，经济活动中对多种执业资格的需求，一个中介机构多种资格的存在有其合理性和必要性，也是资源整合和市场需求的结果。因此，相关部门调整与修改个性互相抵触的有关法律、法规、条件，加强有关行政部门之间的协调，避免行政指令和控制中介服务业务；打破行政分割垄断，各级政府业务主管部门不直接对社会中介服务机构的设立进行审批，在严格资格认定、机构准入标准的基础上，对凡是符合准入资格条件的均先向工商局注册登记，再到业务主管部门备案。对不具备法律规定的执业资格的机构和人员，如其从事有关中介服务业务，将追究其法律责任。如果不同中介服务机构存在交叉、重叠的业务，部门应制定规定，加强协调，以便统一业务操作规程、技术标准，以避免对同一评估对象采用不同的评估标准、评估

结果迥异且相关部门互不认账等现象的发生。

3. 加强对科技服务基础设施建设的投入，不断完善科技服务体系

要尽快形成以科技信息、科技成果、技术需求、投融资、科技人才、技术交易、知识产权等为主要服务内容的布局合理、功能齐全、手段先进、高效便捷的科技服务体系。

（六）营造有利于科技资源整合的社会氛围和法制环境

1. 营造良好的科技资源整合社会环境

科技资源共享不仅是科技、教育界的事情，更需要全社会的关心和参与。要用各种方式、手段大力宣传科技资源整合的必要性，向社会公众和科技人员灌输资源共享的理念，增强政府部门的资源共享意识，培育科技资源共享的良好社会文化环境；政府要加快和完善电子政府建设，最大限度地公开信息资源，使科技界、企业、高校和公众都能共享政府信息资源；要鼓励科技资源拥有者积极探索多种途径的共享活动，并推广共享的成功经验；媒体要大力宣传科技资源共享的社会价值，倡导共享精神。只有当科技资源共享的理念成为共识时，才有可能真正实现全社会科技资源的高度共享，才能有效发挥科技资源共享平台的科技研发支撑作用。

2. 建立和完善科技资源共享平台的相关法律与办法

相关的法制建设是保证科技资源共享持续发展的保证。因此，要重点制定和健全有关知识产权保护的法规，明晰科技资源归属权，明确其依托单位的责、权、利，推动政府、科研单位、高等院校与企业间的科技资源共享；以法律法规的形式保障对国有科技资源的有效管理，通过相关法规规范全省范围内与科技资源的投入、管理、调整和使用相关的行为；界定资源拥有者、使用者和管理者之间的关系，明确当事者双方的权利和义务；同时要指导数据信息的共享、仪器设备的共用和运行服务的评估等。

3. 开展相关政策制定专题研究工作

科技资源共享是一项政策很强的工作，直接涉及部门、单位、科研人员的利益，复杂程度高。要组织专门课题，开展相关专题研究，分门别类，区分不同情况、不同用途，制定相关的共享政策、法规和管理办法。打破科技资源的部门和行业垄断，必然要从制定政策入手，创造良好的制度环境、政策环境和科技基础平台，为所有科研单位和科技人员创造良好的环境。

（七）树立和加强全球科技资源整合思想

科技合作是当前经济社会中获取智力资源、依靠各地高级科技人才共同合

作来解决以一方科技力量或少数几方科技力量无法解决的科学技术难题，以达到推进人类进步、促进合作各方的经济和科技发展的重要战略手段。因此，在科技资源整合工作中，必然保持思想开放，把共享的目光放眼全国、放眼世界，加大开放力度，加强科技合作。

1. 制定政策，强化科技资源引进来和走出去，实现空间上的高效流动

学习借鉴上海、北京、江苏和浙江等省市在开展国际科技合作方面的经验，通过出台税收、金融、土地以及人力资源等优势政策，吸引国外的资金、技术以及跨国、跨省研究机构到四川投资或从事研究开发，设立分支机构和分支研发机构，作为进入中国大陆市场的总部或研究中心。鼓励成都市等地高校和科研院所积极寻求与国外高校、科研院所以及企业进行科技交流合作的机会。一方面将国外先进科技引入然后吸收消化，将其转化为能够在本土产生经济效益的科技成果；另一方面，将自身的科技推向国际市场，在更广阔的领域寻求合作机会。

2. 设立国际合作专项资金

借鉴美国、欧洲等国家和地区设立国际合作专项资金，促进四川企业积极主动与世界知名院校和科研院所及大型企业的合作。

3. 强化政府部门的服务功能

一是进一步拓宽合作渠道，有针对性地为企业牵线搭桥，鼓励企业走出去，开拓海外市场，寻觅新的商机；二是对民营科技企业给予更多的关注，尤其在融资上给予民营企业实质性的支持，建议采取措施吸引民间资本，设立专项基金，投入到民营科技企业中；三是简化政府职能部门办事程序，提高工作效率。

第五章　四川创新能力的空间分布特征、发展阶段及变动趋势研究

创新驱动经济发展是一个复杂的系统和长期的过程，并在空间上具有成群聚集特征。国内外众多学者的规范和实证研究都表明：区域创新是一个地域性、社会性的互动过程，一个地区的区域创新能力必然受到创新投入、经济水平、科技发展、制度条件、社会文化等多种因素的复合作用。清晰把握四川区域创新能力的空间分布特征、创新所处的阶段和变动趋势，准确了解各空间单元的优劣势，对于制定有效的创新驱动战略实施路径促进四川产业发展至关重要。

一、四川区域创新能力总体现状

（一）科技创新资源丰富，创新基础力量居全国前列

四川是西部唯一的国家技术创新工程技术试点省，研发机构和创新型企业总数保持西部第1位。截至2013年四川拥有独立研究开发机构266个、普通高等院校99所，国家创新型企业和创新型试点企业26家、高技术企业1 800家，国家重点实验室12个、省部共建重点实验室培育基地3个和16个国家级工程技术研究中心，国家大学科技园5家，10个国家级产业技术创新联盟以及4个国家级高新技术开发区和3个重大科技创新区域。

四川是科技人力资源大省，截至2013年共拥有科技活动人员32.08万人，R&D人员折合全时当量10万人，科技人才资源居西部第一。高端创新创业人才西部第一，拥有两院院士59人（60人次），国家杰出青年科学基金获得者76人，国家自然科学基金创新群体8个，国家高层次人才特殊支持计划入选7

人，国家海外高层次人才引进计划人选 144 个，长江学者奖励计划特聘教授 55 人，长江学者和创新团队发展计划创新团队 33 个，四川海外高层次人才引进计划人选 332 个，四川省学术技术和技术带头人 1 591 人，其中 144 人入选前 10 批国家“千人计划”，入选人数居西部第一，高端创新创业人才及创新团队数量呈稳步增长态势。

2009—2013 年 R&D 累计支出达到 1 533.3 亿元，2013 年研发强度为 1.56%；地方财政科技拨款累计达到 239.94 亿元，形成了门类齐全、学科配套的科研开发体系，综合科技力量居全国前茅。在电子信息、重大装备、航空航天、新材料、新能源、轨道交通、农作物及畜禽育种、生物医学等领域具有明显优势。

（二）科技创新成果持续涌现，质量不断提高

2009—2013 年 5 年间，四川科技创新成果持续增长，质量不断提高。专利授权量由 2009 年的 20 132 件，上升到 2013 年的 46 141 件，增加了 1.29 倍，其中发明专利由 1 596 件上升到 4 566 件，增加了 1.86 倍，专利质量明显提高。科技论文（SCI、EI、ISTP）由 10 058 件增加到 2013 年的 14 500 件，增加了约 50%。科技成果登记成倍增长，由 526 件上升到 2013 年的 2 018 件，增加了约 3 倍。国家科技奖励保持平衡水平，与 2009 年（25 件）相当。2013 年在全国科技进步统计监测中，四川的科技进步水平达到 52.1%，居全国第 14 位①。

（三）创新步伐明显加快，区域创新能力持续增强

近十年，四川创新驱动经济发展的步伐明显加快，区域创新能力由 2005 年全国第 18 位，上升到 2010 年第 9 位。尽管“十二五”以来，四川区域创新能力在全国发展的态势中步步后退，由 2011 年全国的第 9 位次下降至 2013 年的 15 位（见表 5-1），但是我们应该正确的直面区域创新能力报告。从统计数据来看，2013 年区域创新能力评估值显示的是 2011 年区域创新能力的情况，2011 年是 2009 年区域创新能力情况，因此 2011—2013 年区域创新能力效用值是 2009—2011 年四川区域创新能力的真实情况，此阶段，四川不仅经历了全球金融危机，而且同时遭遇了世界少有的特大地震灾害，到 2011 年，四川省灾后重建就已基本完成，并取得卓越成效。灾后重建成功之举措成为其他区域甚至是国家的范本，从创新的角度上讲，这是一种社会整体创新的进步。

---

① 数据来源：《四川省科技基础信息手册（2014）》。

表 5-1　2005—2013 年四川省区域创新能力综合指标及一级指标全国排名

年份	2013	2012	2011	2010	2009	2008	2005
创新能力	15	11	9	9	8	10	18
知识创造	9	9	7	10	13	12	17
知识获取	14	8	14	8	8	20	20
企业创新	20	16	10	12	11	9	12
创新环境	11	11	6	7	7	10	15
创新绩效	12	19	20	15	11	22	30

数据来源：《四川省科技统计报告（2013）》和《中国区域创新能力报告（2013）》。

二、四川各市（州）级区域创新能力空间分布特征

研究区域创新能力的空间分布在于区域创新能力的评价指标体系设计、综合评价以及评价结果的分类。从现在的文献来看，学者主要从国家、省级层面研究区域创新能力的空间分布特征，很少从市（州）级层面研究区域创新能力的空间分布特征。我们从指标构建、能力评价以及分类三个层面重点研究。

（一）市（州）级区域创新能力评价指标体系构建

1. 市（州）级区域创新能力评价指标体系研究述评

从现在的文献看，很少从市（州）级层面构建区域创新能力评价指标体系，反而是省级层面及更小区域的科技园区的创新能力评价指标体系比较完善、成熟。

——省级区域创新能力评价指标体系研究。省级区域创新能力评价指标中，以柳卸林等（2002）构建的区域创新能力评价指标体系得到普遍认同，并以《中国区域创新力报告》作为支撑，不断完善，2008 年开始从创新的实力、潜力以及效率①三部分评价，很完整地反映了一个区域的知识创造、运用以及扩散能力。但是这套评价体系的指标设计太多（132 个），而且评价的对象是站在省级层面的，且适合纵横向持续评价。

① 创新实力是指一个地区拥有的创新资源，如绝对的科技投入水平、专利数量等；创新的潜力是指一个地区发展的速度，即与去年相比的增长率水平；创新的效率是指一个地区单位投入所产生的效率。

——科技园区创新能力评价指标体系研究。科技园区创新能力评价中，以国家科技部发布的高新区（高新技术产业园区）高技术产业发展评价指标体系最为权威且最早，该指标体系注重公平和效率。目前，我国高新区创新能力评价指标体系设计趋于高端化，体现创新驱动的全面发展，高端人才、高端载体、人性化管理、协同创新以及知识产权保护、全球化等成为主要评价因子。

——市级区域创新能力评价指标体系研究。市级层面创新能力评价研究很少，从 CNKI 数据库收录的信息看，省外仅李慧聪（2008）应用主成分法选择人均 GDP、科技活动经费筹集额、专利申请数等 6 项指标对山东省各地市创新能力进行评价和空间分布描述。省内仅蔡兵等（2008）对四川各市（州）区域创新能力综合评价及空间分布进行了研究，但指标主要借鉴的是省级评价指标体系，而且评价的是 2004 年的情况，自 2006 年自主创新能力从国家层面倡导以来，四川区域创新力有了很大提升，发生了很大变化，值得进一步研究。

2. 四川各市（州）级区域创新能力评价指标体系构建

根据评价指标的公平性、合理性以及数据的可采集性，着力体现四川各市（州）产业的特点和创新的全面性、全过程性以及创新的效率和公平性。我们借鉴省级区域创新能力评价指标体系的全面性以及国家科技园区评价指标体系高端化趋势以及便于评价原则，采取定量、静态指标为主，设计了四个一级指标，分别为知识创造、工业企业创新能力、创新环境和创新绩效，共 31 个二级指标，具体见表 5-2（这里需要补充说明的是我们没有把知识获取单独作为一级指标，而是融合在工业企业的创新能力中）。

表 5-2　　　　市（州）级区域创新能力评价指标体系

一级指标	二级指标	备注
知识创造能力	每万人平均拥有研究与试验发展全时人员	人年/万人
	R&D 内部经费支出占 GDP 比重	%
	有 R&D 活动单位占比	%
	每亿元研发活动经费内部支出产生的发明专利授权量	件/亿元
	每 10 万人平均发表的科技论文数	植物新品种×50+国家或行业标准×30+科技论文+科技著作×10①
	每万人拥有专利授权数	
	每万人拥有有效发明专利数	

① 由于创新成果的难易以及成果的价值不同，所以在评价时赋予不同的权重，以体现相对合理性.

表5-2(续)

一级指标	二级指标	备注
工业企业创新能力	规模以上工业企业从业人员中 R&D 人员占比	
	规模以上工业企业 R&D 经费内部支出占主营业收入比	企业研发投入的能力及意愿
	规模以上工业企业拥有科技机构数占比	反映企业从事研发的能力及意愿和研发人员的空间分布
	规模以上工业企业平均技术改造支出（万元/个）	反映企业技术提升的能力和意愿
	规模以上工业企业技术引进和购买和消化技术经费支出占科技活动支出比	反映工业企业获取技术的意愿和能力以及企业自我学习的能力
	每万人从业人员拥有专利申请数	
	每万人从业人员拥有有效发明专利数	
	规模以上工业企业新产品销售收入占产品销售收入比重	企业技术开发新产品的能力
创新环境	企业上缴税收率	企业税负负担体现企业的社会负担，反映企业创新的积极性
	工业企业政府相关政策执行落实情况	使用来自政府部门研究开发费用加计扣除减免；高技术企业减免税
	每万人科技活动人员拥有的大专及以上人数	区域科技活动人员基本素质
	产、学、研结合度	研发的外部支出占科技活动或研发内外部支出的比重
	恩格尔系数	区域人们整体的富裕程度
	地方财政科技投入占财政支出比值	地方政府对科技创新的重视程度
	城市所在环境水平	采用水、气、污水处理、生活垃圾处理、人均城市道路、人均公园面积以及森林覆盖率综合评价
	进出口差额占总产值比值	（出口-进口值）/GDP
	民营经济增加值占 GDP 比值	反映区域经济活跃度和环境的宽松度
	政府教育经费支出占财政支出比值	政府对提高人力资源素质的重视程度

表5-2(续)

一级指标	二级指标	备注
创新绩效	人均 GDP	反映创新促进经济增长
	第三产业占 GDP 比重	创新对经济结构升级影响
	出口额占 GDP 的比重	创新的市场空间和产品的国际竞争力
	城镇登记失业率	反映创新对社会就业的影响
	每万元 GDP 综合能耗	反映区域创新促进环境改善和保护的发展的能力
	增加值率（工业增加值率）	创新的直接效率
	企业利税率	反映企业创造价值的能力和激励创新的直接动力

（二）评价方法的选择

1. 综合评价法

综合评价方法或模型是指通过一定的数学模型或数学方法将多个评价指标值“合成”为一个整体性的综合评价值。可用于“合成”模型很多，常用的主要有线性加权综合法和非线性加权综合法。根据各方法的条件和特性，我们认为选择线性加权综合法是比较合适的，其评价模型为 $XXZH=\sum W_i * \sum W_{ij} * U_{ij}$，（i=1、2、3…… m，j=1、2、3…… n）。其中，XXZH 这里代表域创新能力综合指数，m 为评价构成要素个数，n 表示第 i 个构成要素的指标个数，U_{ij} 为第 i 个构成要素第 j 项指标标准化后的值；W_i 为第 i 个构成要素的权重，W_{ij} 为第 i 个构成要素的第 j 个指标的权重。

2. 权重的确定

目前确定权重方法很多，如专家评分法、层次分析法、主成分法、模型分配法，这些方法都存在优缺点，而结合使用互补方法的严谨研究优于那些依赖单一方法的研究（Grayetal. 2007）①。根据多年对科技创新投入产出及创新成果价值的研究理解，借鉴技术经济学方法中常用的权重分配模型法来确定权重。权重分配模型主要有：（1）传统权重分配模型：$W_i=i/\sum I$，式 i 表示指标的排序编号，越重要，编号越大。（2）线性权重分配模型：$W_i=1-i/(n-\alpha)$，

① 艾米·R. 波蒂特，等. 共同合作——集体行为、公共资源与实践的多元方法［M］. 路蒙佳，译. 北京：中国人民大学出版社，2001：6.

式中 i 为指标排序位次；n 为指标个数；α 为调整参数，它是权重分配的微调系数，α∈（0，∞），α 值越大，权重分配差额越小，反则越大，常取为 5 或者说 10。（3）对数权重分配模型：$W_i=\ln(m-i)/\ln(m-1)$，式中 m 为指标个数，i 为指标位次，其特点是：前 2/3 的指标权重分配相差不大，后 1/3 的指标权重分配下降较快，即重视程度小。由于权重受一个人主观因素影响较大，我们结合上述几类模型分配表，根据对指标重要程度的理解进行微调，并结合专家评分法，最终设计三种权重方案（见表 5-3），并希望从不同的方案中发现权重是不是影响一个区域创新能力排序的重要因素。

表 5-3　　　市（州）级区域创新能力评价指标权重不同方案

一级指标	权重方案			二级指标	权重方案		
	对数权重	平均权重	线性权重		对数权重	平均权重	线性权重
知识创造能力	0.20	0.25	0.23	每万人平均研究与试验发展全时人员	0.18	0.14	0.16
				R&D 内部支出占 GDP 比	0.20	0.14	0.18
				有 R&D 活动单位占比	0.10	0.14	0.12
				每 10 万人平均发表的科技论文数	0.14	0.14	0.12
				每万人拥有的专利授权数	0.17	0.14	0.15
				每万人平均拥有有效发明专利授权量	0.08	0.14	0.13
				每亿元 R&D 内部支出发明专利授权量	0.13	0.14	0.14
工业企业创新能力	0.28	0.25	0.27	工业企业从业人员中 R&D 人员占比	0.11	0.13	0.12
				工业企业拥有科技机构数的企业占比	0.09	0.13	0.1
				工业企业 R&D 经费内部支出占销售收入比	0.16	0.13	0.15
				规模以上工业企业平均技术改经造支出	0.06	0.13	0.11
				规模以上工业企业技术引进和购买技术经费支出占科技活动支出比	0.15	0.13	0.09
				每万人企业从业人员专利申请数	0.12	0.13	0.13
				每 10 万企业从人员有效发明专利数	0.14	0.13	0.14
				工业企业新产品销售收入占销售收比重	0.17	0.13	0.16

表5-3(续)

一级指标	权重方案			二级指标	权重方案		
	对数权重	平均权重	线性权重		对数权重	平均权重	线性权重
创新环境	0.22	0.25	0.20	企业上缴税率	0.04	0.10	0.05
				工业企业政府相关政策执行情况	0.12	0.10	0.08
				每万人科技活动中拥有的大专及以上人数	0.08	0.10	0.06
				产、学、研结合度	0.14	0.10	0.15
				恩格尔系数	0.11	0.10	0.09
				地方财政科技投入占财政支出	0.09	0.10	0.07
				所在城市环境水平	0.13	0.10	0.14
				进出口差额占总产值比值	0.10	0.10	0.13
				民营经济增加值占 GDP 比值	0.13	0.10	0.12
				教育经费支出占 GDP 比值	0.06	0.10	0.11
创新绩效	0.30	0.25	0.30	人均 GDP	0.2	0.14	0.18
				第三产业占 GDP 比重	0.18	0.14	0.13
				出口额占 GDP 比重	0.12	0.14	0.12
				城镇登记失业率	0.14	0.14	0.11
				每万元 GDP 能耗	0.160	0.14	0.150
				增加值率（工业增加值率）	0.11	0.14	0.16
				企业成本利税率	0.09	0.14	0.14

3. 极值法标准化数据处理

数据标准化处理方法有许多，常用的有极值法、Z-score 标准化和按小数定标标准化等。极值标准化是对原始数据的线性变换，其方法为：$(X_i - X_{min}) / (X_{max} - X_{min})$，转化后值落在［0，1］之间。我们采取极值法，并进行修正为效用极值法，即：$40 * (X_i - X_{min}) / (X_{max} - X_{min}) + 60$，使结果落在［60，100］之间，这种只适合正向指标，即数据越大越好；但负向指标，如能耗、恩格尔系数等则是越小越好，我们采取 $40 * (X_i - X_{max}) / (X_{min} - X_{max}) + 60$ 方法进行转换。

4. 综合评价结果的强弱判断

通过综合评价，各市州区域创新能力评价在 60 至 100 分值之间，从普遍的经验看，我们把这个区间划分为四个等级：90 及以上创新能力很强、［80~

90）之间创新能力较强、[70~80）创新能力一般、70 分以下创新能力弱。

（三）各市（州）区域创新能力的综合评价及结论分析

1. 三权重方案评价结果及分析

以四川 21 个市（州）为评价对象，以《四川科技统计年鉴（2014）》《四川统计年鉴（2014）》的数据为支撑基础，对"三州"没有城市环境统计指标的采取专家评估法确定，经过计算整理得到上述指标体系基础数据，通过标准化处理，根据三个不同权重方案，综合计算得出 21 市（州）区域创新能力及排序（见表 5-4）。从表 5-4 的结果可以看出，不同权重方案对各市（州）区域创新能力的位次影响波动不大，其中有 11 个市（州）在三个方案中的位次一直都不变，变动的各市（州）波动的幅度也不大，说明权重对各市（州）区域创新能力的评价影响很小，不构成影响区域创新能力的主要因子；同时也说明指标设计的相对科学性、合理性，体现了全面创新和全过程创新。另外，从三个方案评价的结果比较来看，线性权重和对数权重评价结果基本上只是在原来的位次上升或下降一序位，采用平均值权重法时各市（州）位次相对波动要大一些，因此在实际评价中，建议以对数权重模型或线性权重模型并作适当调整确定权重。

表 5-4　　2013 年四川各市（州）区域创新能力评价值及排序

区域	绝对值			排序		
	对数权重	平均权重	线性权重	对数权重	平均权重	线性权重
成都市	83.94	84.32	84.36	1	1	1
自贡市	72.60	72.48	72.38	7	7	6
攀枝花市	76.07	76.27	76.1	4	4	4
泸州市	72.63	72.39	72.33	6	9	7
德阳市	76.63	76.58	76.33	3	3	3
绵阳市	81.17	81.25	80.99	2	2	2
广元市	68.94	69.11	68.74	13	12	13
遂宁市	72.45	72.44	72.1	8	8	8
内江市	68.58	68.72	68.33	16	14	15
乐山市	69.79	69.88	69.62	10	10	10
南充市	68.08	68.32	67.93	17	17	17
眉山市	69.45	69.69	69.2	11	11	11
宜宾市	74.33	74.03	73.98	5	5	5
广安市	67.50	67.56	67.17	21	21	21

表5-4(续)

区域	绝对值			排序		
	对数权重	平均权重	线性权重	对数权重	平均权重	线性权重
达州市	67.64	67.58	67.41	20	20	20
雅安市	72.42	72.66	72.1	9	6	9
巴中市	67.89	67.91	67.68	18	18	19
资阳市	68.81	68.96	68.53	14	13	14
阿坝藏族羌族自治州	67.74	67.61	67.75	19	19	18
甘孜藏族自治州	69.03	68.41	69.18	12	16	12
凉山彝族自治州	68.64	68.55	68.33	15	15	16

2. 最终评价结果分析

为最终确定各市（州）创新能力排序和空间分布聚类，我们以三个方案的均值作为本次评价结果值。从结果看成都领先其他各市（州），以84.21的分值居第一；绵阳以81.14的分值排在第二位；排在第三位的是德阳，分值为76.51；第四位的是攀枝花，76.15分；第五位的是宜宾，分值为74.11。这五个城市竞争优势明显，分值差距也大，由5分向0.5分逐渐趋近，要打破这样的位序态势还较难。居5位后的各市（州）分值差距越来越小，16个市（州）的评价结果值均落在［72.49，67.41］区间，平均分值相差不到0.4，位序竞争较激烈，稍有懈怠，就可能名落孙山；同时，表明四川各市（州）区域创新能力空间聚集的特征明显。各市（州）区域创新能力结果及排位见表5-5；区域创新能力及一级指标评价最终结果见表5-6。

表5-5　2013年四川各市（州）区域创新能力最终评价结果及排序

区域	成都市	自贡市	攀枝花市	泸州市	德阳市	绵阳市	广元市
绝对值	84.21	72.49	76.15	72.45	76.51	81.14	68.93
位次	1	6	4	7	3	2	12
区域	遂宁市	内江市	乐山市	南充市	眉山市	宜宾市	广安市
绝对值	72.33	68.54	69.76	68.11	69.45	74.11	67.41
位次	9	15	10	17	11	5	21
区域	达州市	雅安市	巴中市	资阳市	阿坝藏族羌族自治州	甘孜藏族自治州	凉山彝族自治州
绝对值	67.54	72.39	67.83	68.77	67.7	68.87	68.51
位次	20	8	18	14	19	13	16

表 5-6　2013 年四川各市（州）区域创新能力及一级指标评价结果

市（州）	创新能力	知识创造	工业企业创新能力	创新环境	创新绩效
成都市	84.21	92.40	75.34	86.72	90.57
自贡市	72.49	68.37	75.26	76.85	71.86
攀枝花市	76.15	78.09	80.20	77.02	71.67
泸州市	72.45	66.10	74.75	78.27	73.02
德阳市	76.51	70.96	79.25	83.12	74.60
绵阳市	81.14	79.08	92.42	82.58	72.09
广元市	68.93	66.53	67.53	77.30	69.09
遂宁市	72.33	66.71	78.80	79.50	67.77
内江市	68.54	64.67	67.29	77.22	67.76
乐山市	69.76	67.24	67.41	76.65	70.54
南充市	68.11	66.32	64.26	76.58	68.56
眉山市	69.45	66.41	66.97	79.00	68.14
宜宾市	74.11	66.81	80.60	79.20	72.05
广安市	67.41	61.40	62.88	79.29	69.86
达州市	67.54	63.12	65.74	74.82	68.63
雅安市	72.39	67.74	66.22	83.07	73.37
巴中市	67.83	64.40	68.52	73.96	67.43
资阳市	68.77	64.61	63.48	79.44	70.46
阿坝藏族羌族自治州	67.7	67.22	65.18	67.86	71.66
甘孜藏族自治州	68.87	67.88	60.80	65.15	81.10
凉山彝族自治州	68.51	62.28	65.18	77.48	71.09

（四）四川区域创新能力空间分布结构特征

为了解四川区域创新能力空间分布特征，我们对 21 市（州）的区域创新能力的评价结果进行空间聚类分析。

1. 区域创新能力空间聚类分析

以表 5-6 的评价结果，应用 spss.16 统计软件，采取快速聚类方法，在默认状态下，分三、四、五类对 21 市（州）以区域创新能力综合聚类为主多变量聚类[①]为补充分析。从表 5-7 可以看出，区域创新能力单变量聚类时，按三、四、五类划分时成都均处于一类，德阳与攀枝花同也处于一类；按三、四类划分时，绵阳跃迁与成都同归一类；五类划分中成都与绵阳各自独立成类，广元、内江、眉山、南充、广安、达州、资阳、巴中以及“三州”地区始终聚集在一起，而自贡、宜宾、雅安、泸州、遂宁也一直处于同一类。同时，多变量聚类中成都始终独处一类，德阳以及攀枝花无论以三类、四类还是五类划分都处于同一层级。可见，四川各市（州）区域创新能力的空间聚集特征是比较明显的。

表 5-7　　四川省各市（州）区域创新能力聚类分析

类别 区域	多变量聚类			综合创新能力聚类		
	五类	四类	三类	五类	四类	三类
成都市	1	1	1	1	1	1
自贡市	3	3	3	4	4	3
攀枝花市	3	2	3	5	3	3
泸州市	3	3	3	4	4	3
德阳市	3	2	3	5	3	3
绵阳市	2	2	3	2	1	1
广元市	4	3	2	3	2	2
遂宁市	3	2	3	4	4	3
内江市	4	3	2	3	2	2
乐山市	4	3	2	3	2	2
南充市	4	3	2	3	2	2
眉山市	4	3	2	3	2	2
宜宾市	3	2	3	4	4	3
广安市	4	3	2	3	2	2
达州市	4	3	2	3	2	2
雅安市	4	3	2	4	4	3
巴中市	4	3	2	3	2	2
资阳市	4	3	2	3	2	2
阿坝藏族羌族自治州	5	4	2	3	2	2
甘孜藏族自治州	5	4	2	3	2	2
凉山彝族自治州	4	3	2	3	2	2

① 多变量聚类这里指以知识创造、工业企业创新能力、创新环境和创新绩效四个要素变量值同时聚类。

2. 聚类分析结果的微调及结论

从上述分类结果看，无论是三类、四类还是五类与四川现实的发展出入不大，五类的划分太细，而且划分中有两类都只有一个空间单元（市），按创新的不同功能性特征，我们最终选择分为四类。根据四川未来一段时间的创新驱动战略、各市（州）创新发展态势，以及在三个不同分类划分中，各类变动情况，并按评价结果“临近可上下移动”原则，我们对聚类的结果进一步微调，使其更符合“十三五”乃至更远时期四川区域创新能力的空间结构演变趋势。

成都作为四川首位城市，聚集了大量科技资源，处于四川国际化的前沿阵地，创新政策制度的先行先试，制度创新、技术创新以及管理创新都较强，而且集聚了大体量的高端、挑剔的需求群体，对新产品的需求能力和欲望强，需求拉动创新作用大；绵阳受军民体制机制约束以及军工自身保密性特点，知识创新成果地方化还较困难，而且在创新环境特别是国际化环境方面差距较大，因此我们把成都单独划分为一类，形成四川创新的极核和最高创新能级（能量流），从创新功能上属于知识创造型区域。

从表5-6可知，绵阳与德阳、攀枝花在工业企业创新能力方面居全省前三位，强于成都市，各方面能齐头并进；同时绵阳作为军民融合创新示范区、攀枝花作为国家战略资源创新开发试验区的领头羊，在技术开发利用方面均具有基础条件和经验，加之未来成、昆、西、渝“菱形经济圈”的发展，与昆明的合作将进一步加深，我们把三者划分为一类，作为技术开发应用领先区域，从创新功能上看具有技术开发应用+知识创造并行发展的特点。

宜宾、自贡、雅安、遂宁、泸州、乐山在四、五类划分中属于同类，眉山与资阳尽管在聚类过程中不属于此类，鉴于眉山市部分区域位于天府新区之内，而且随着串起德阳和眉山的贯穿成都的百里城市中轴线大门的开启，将使眉山有机会搭乘快速发展的火车。另外资阳部分区域属于天府新区，其简阳有望受成都市托管，在技术创新成果的吸纳上具有较强的地理和行政区域优势，加之新能源汽车作为资阳未来的主要发展重点产业，且是四川重要战略性新兴产业并具有较大的市场空间，按“临近可上下移动”原则，我们把资阳、眉山归入自贡、泸州以及宜宾等一类，从创新功能上看是技术开发应用+加工型混合并存的区域，两者难分伯仲。

其余市（州）知识创造、工业企业创新能力较弱或属农牧生态以及旅游区可将其划为一类，从创新功能上看属于最低层级，处于引进模仿阶段，属于加工+资源型区域。乐山尽管目前创新能力强于眉山和资阳，但是差距不大，而且乐山的高耗能传统产业以及区位优势明显不及资阳和眉山，不确性较大，因此我们仍保持其原来的自然分类状态，归入加工+资源型区域。

综上，成都属于知识型区域；绵阳、德阳以及攀枝花属于技术开发应用+知识型区域；自贡、泸州、宜宾、雅安、遂宁、眉山、资阳属于技术开发应用+加工型区域；乐山、内江、广元、南充、广安以及达州、巴中和“三州”属于加工+资源型区域，见表5-8，并形成如图5-2的创新能量流。这与蔡兵等学者（2008）划分的大体相同，略有差别，主要表现在：遂宁由最后一类跃迁了一位，内江、乐山反而有较强的区域创新能力，排在了遂宁之后；德阳区域创新能力超过攀枝花，与绵阳、攀枝花同为一类，经过8年的发展区域间的创新能力略有变动是很正常的现象。

表5-8　四川各市（州）区域创新能力分类结果及特点

类别	市（州）	创新功能类别	特点
第一类	成都市	知识创造型	区域创新能力及知识创造、创新绩效及创新环境都领先全省，工业企业创新能力略低于第二类
第二类	绵阳市、德阳市、攀枝花市	技术开发应用+知识型	工业企业创新能力全省领先，知识创造能力也较强，创新环境略低于第一类，但创新绩效一般，集成创新能力较强
第三类	自贡市、泸州市、宜宾市、雅安市、遂宁市、眉山市、乐山、资阳市	技术开发应用+加工型	工业企业创新能力及创新环境整体相对较好，但知识创造能力较弱，创新绩效一般，具有一定的集成创新能力，模仿创新能力较强
第四类	广元市、内江市、南充市、广安市、达州市、巴中市以及“三州”地区	加工+资源型	这类市（州）最大的特征是自然资源优势比较突出，知识创造和技术开发运用能力明显很弱。以技术改造为主，具有一定的模仿创新行为

3. 四川区域创新能力空间分布特征

从空间上看，四川区域创新能力整体形成“一核引领、两翼推动，一体（T）支撑，多石掣肘”，似“振臂举重”之士，更似一个负重沉沉的“飞天之人”（见图5-1），推动四川创新驱动产业徐徐发展。

一核引领：指成都引领带动全川创新驱动产业发展。

两翼推动：一翼指绵、德，带动川东地区传统产业转型升级发展；一翼指攀枝花，带动攀西地区创新驱动产业加速发展。

一体（T）支撑：指区域创新能力属于第三类的7个市（州）在空间上形似T字，这类市（州）创新驱动产业能力提升，将带动全省创新能力整体跨越升级。

多石掣肘：指区域创新能力属于第四类的10个市（州）在空间上形成两大、两小拖影，“两大”指“三州”与秦巴山地区5市；“两小”指乐山与内江，是四川创新能力相对最弱的区域，也是最难提升的区域，影响着四川创新驱动产业发展整体进程。

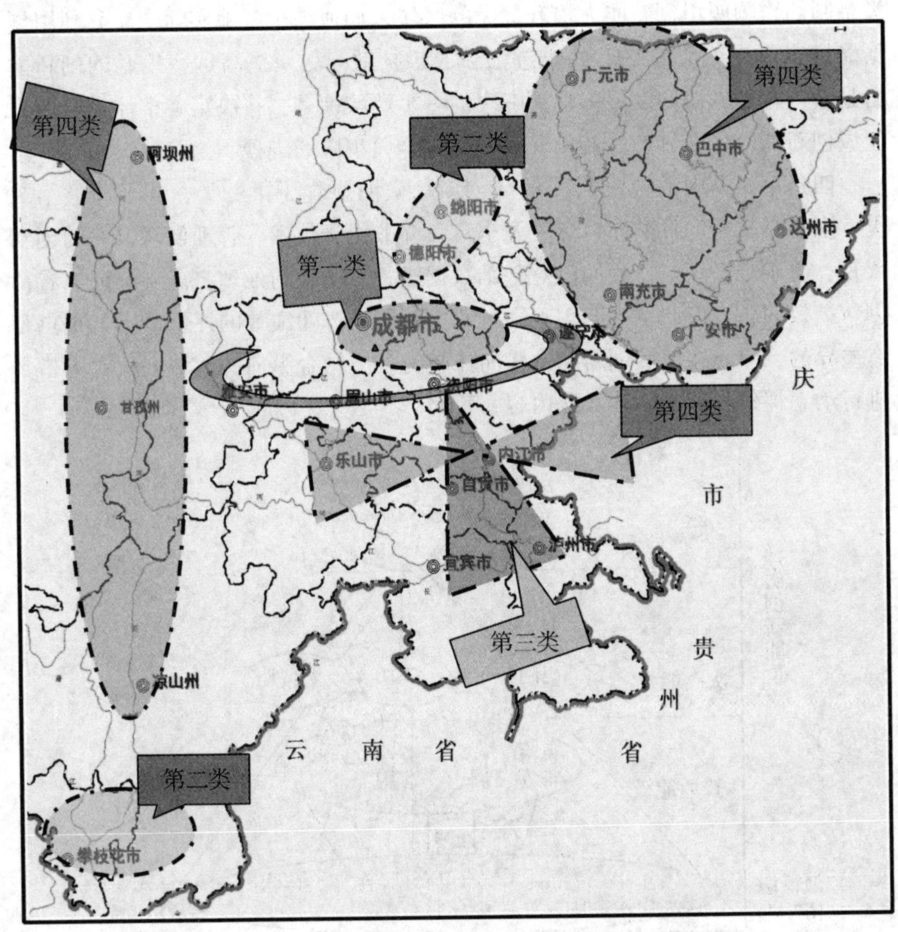

图5-1　四川省区域创新能力空间分布特征示意图

5. 结论

一是成都市整体创新能力较强，大部分创新能力指标都领先于其他地区，表现出较强的创新能力，但是由于成都在绝大多数领域的投资都远大于其他地区，又享有许多政策上的优势，总体评价没有达到90分值，其工业创新能力居第四位，说明企业对创新资源（特别是专利）开发运用能力较弱，产学研结合不紧密，还有待进一步提高。

二是成德绵以及攀西地区显示出了较强的整体创新能力，更加证明了高新技术产业和战略新兴产业是促进产业转型升级的重要力量。

三是在聚类分析中四川大部分地区的创新能力都处于第三类和四类，特别是第四类，相对成都、德阳、绵阳等省内发达地区有较大差距。从空间看第四类是制约影响四川创新能力提升最大的区域，如何结合各地实际，充分利用创新能量流势差（见图5-2），推进创新成果扩散，尽快提高这些地区的创新能力是新一轮区域协同发展中亟须解决的一个严峻课题，将决定着整体提升四川区域创新能力、促进产业转型升级和实现全面小康的进程。

四是第四类中的“三州”地区创新绩效明显优于第三类，甚至超过第二类，主要是政府的补贴和自然资源丰富，并非由于技术、管理创新引发的创新增量，由于难于剔除，我们没对基础数据进行更精准的处理，需要辩证地看待创新绩效问题。由此也表明，不同行业创新驱动产业绩效的评价指标其重点是有差异的，因此在区域创新能力横向比较时，应结合纵向的区域创新能力指数进行动态评价，此书不涉及此内容，暂略。

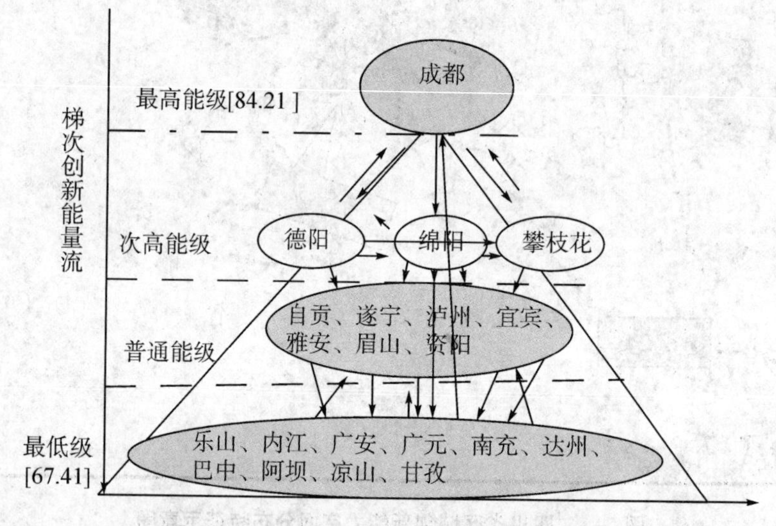

图5-2　四川各市（州）创新能量流势差图

三、四川各市（州）经济发展所处阶段基本研判

四川各市（州）区域发展出路取决于对发展阶段的正确评估，这是所有区域发展需要认识的重大问题。从整体上来看，四川各市（州）处于产业驱动向创新驱动转型阶段，少数市（州）迈入创新驱动的门槛。

（一）区域发展演化轨迹（阶段）

对于区域发展的演化轨迹或阶段研究很多，魏进平①（2008）基于区域创新系统视角将经济发展阶段划分为要素驱动、质量驱动、创新驱动、网络驱动四个阶段的看法值得借鉴，但特征不突出。基于研究特点及需要，我们以迈克尔·波特的国家竞争力发展四阶段理论作为各市（州）发展阶段划分的依据，并且每个阶段具有不同的优势集聚动力机制，四个发展阶段特征见图 5-3。

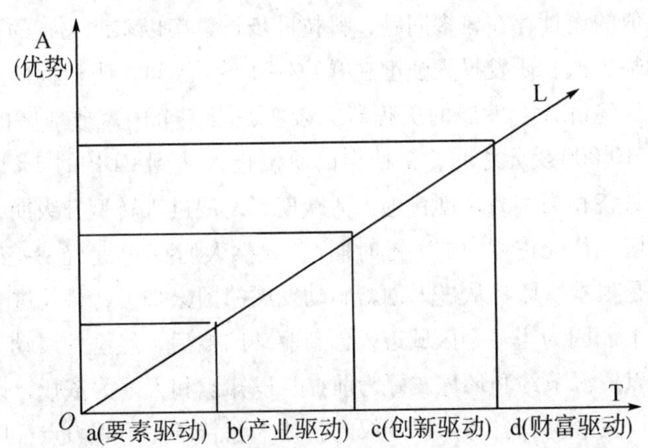

图 5-3　区域（国家）经济发展阶段动态示意图

在图 5-3 坐标体系中，横坐标代表发展时间和阶段（T）；纵坐标代表发展的优势（A）；发展轨迹曲线（L）表示发展的阶段标记。其中，区域 Oa 代表要素集聚阶段，区域开始成长，其发展目标是实现发展成本最小化；区域 ab 代表产业规模优势集聚阶段，区域以产业规模发展为主，产业进一步扩大，具备较强的产业竞争优势，其发展目标是市场占有扩大化，这是一个地区或国

---

① 魏进平. 基于区域创新系统的经济发展阶段划分与定量——以河北省为例 [J]. 科学学与科学技术管理，2008（8）：198-200.

家不容易跨越的门槛；区域 bc 代表创新优势集聚阶段，区域发展以创新驱动为主，成为创新型区域，生产效率最大化成为发展目标；区域 cd 代表财富优势集聚阶段，其发展目标是社会价值最大化，创新的动力反而减弱。

特别重要的是，进入创新驱动全面发展阶段的区域具有如下特点①：一是本土企业在产品、流程技术、市场营销接近精致化、专业化，企业全球化战略成为常态，企业社会责任感明显增强；二是产业集群纵深发展，形成网状结构，集群自我强化的功能形成，抗风险能力较强，开始出现世界级的支持性产业；三是产业内生性发展机制形成，“产、学、研”结合紧密，创新创业活跃，技术和产品差异化成为竞争焦点；四是政府无为而治或间接干预。

（二）创新驱动的门槛值

创新是任何时代都存在的，但要使创新成为主要的驱动力，则要受一些条件约束或达到一定的标准，即“创新驱动”的门槛值。魏进平②（2008）建立了经济发展方式转变的 20 个评价指标及区间临界值，指标体系设计较全、较多，但临界值的设计存在较多问题，科技进步贡献率以东北三省的平均值作为创新驱动的临界值，研发投入强度在 0.6%~1.5%区间，明显过低。联合国对一些发达国家经济社会发展的历程研究表明：当一个国家或地区的人均 GDP 处于 5 000~10 000 美元之间，全社会的研发投入达到 GDP 的 2%以上时，国民经济开始具备相当实力，创新进入活跃期、发展进入转型升级期，这也是一个国家或地区现代化进程中的关键时期③。显然人均 GDP 是经济基础条件，研发投入强度是根本。而且从进入创新驱动发展的国家来看，科技进步贡献率一般在 70%以上。因为当一个区域迈入创新驱动门槛后，经济发展动力将发生质的飞跃，并以资源节约和环境友好为前提，以知识和人才为依托，以创新为主要推动力，以发展拥有自主知识产权的新技术和新产品为着力点，以创新产业为标志，形成持续、均衡、全面发展的经济。根据国内外研究及经验，以创新全过程为理论支撑，我们认为研发投入强度是基础和前提，特别是创新链的国际化和片断化，研发投入强的区域，创新能力不一定强，如果研发投入的绩效仅停留在研发层面，而没有深化转化和产业化，创新的价值就不能充分体现出

---

① 迈克尔·波特. 国家竞争优势［M］. 李明轩，邱如美，译. 北京：华夏出版社，2002.

② 魏进平. 基于区域创新系统的经济发展阶段划分与定量——以河北省为例［J］. 科学学与科学技术管理，2008（8）：198-200.

③ 无锡引进和培育创新型经济领军人才的思路与对策研究［EB/OL］. http://www.wxskw.com/Article/ShowA rticle.asp? ArticleID=253，2011-03-04.

来，“瑞士悖论”就说明了这一点。根据我国现阶段工业企业的研发投入强度0.8%的水平，以及我国现阶段处于创新驱动转型发展阶段，我们认为处于不同阶段的基本阈值见表5-9。

表5-9　　经济发展阶段关键临界值

阶段	研发投入强度(%)	人均GDP（美元）	科技进步贡献率(%)
要素驱动		<3 000	<30
产业驱动		≥3 000	≥30
创新驱动转型阶段	≥0.8	≥5 000	≥50
创新驱动发展阶段	≥2	≥10 000	≥70

（三）四川各市（州）发展所处阶段的基本判断

以表5-9的创新驱动门槛值为标准对四川21个市（州）发展所处阶段进行基本研判。四川省各市（州）研发投入强度、人均GDP及科技进步贡献率见表5-10。

表5-10　　四川各市（州）2013年创新驱动发展基本情况

市（州）	R&D内部支出占GDP比(%)	人均GDP（美元）	科技进步贡献率（%）	工业增加值能耗(吨/万元)
成都市	2.48	10 412.89	74.24	0.979
自贡市	0.66	5 983.12	58.65	1.651
攀枝花市	1.26	10 545.58	56.41	3.114
泸州市	0.48	4 349.24	49.62	2.422
德阳市	3.04	6 406.88	61.81	1.417
绵阳市	7.11	5 082.49	65.04	2.033
广元市	0.15	3 323.49	44.20	2.559
遂宁市	0.52	3 653.46	52.30	2.119
内江市	0.86	4 661.33	48.05	2.842
乐山市	0.55	5 651.44	47.86	2.593
南充市	0.22	3 417.68	43.38	1.516
眉山市	0.32	4 698.76	46.40	2.639
宜宾市	0.75	4 880.01	48.68	2.198
广安市	0.14	4 208.07	43.56	2.811

表5-10(续)

市（州）	R&D 内部支出占 GDP 比(%)	人均 GDP（美元）	科技进步贡献率（%）	工业增加值能耗(吨/万元)
达州市	0.11	3 674.86	38.42	3.433
雅安市	0.56	4 438.07	55.78	1.471
巴中市	0.19	2 037.75	36.86	1.975
资阳市	0.17	4 933.64	50.43	1.194
阿坝藏族羌族自治州	0.29	4 182.8	44.41	2.766
甘孜藏族自治州	0.13	4 182.8	30.78	0.935
凉山彝族自治州	0.25	4 349.24	36.48	1.251

注：根据《四川统计年鉴（2013）》和《四川科技统计年鉴（2014）》以及《四川省科技进步统计监测报告》整理。

从表5-10来看，四川成都、绵阳、德阳、攀枝花、自贡、乐山6个市具备支撑创新驱动发展的经济实力，超过5 000美元；成都、德阳及绵阳研发强度超过2%，说明创新比较活跃，且成都、绵阳、德阳、攀枝花、自贡、遂宁、雅安、资阳，科技进步贡献率也超过50%，说明创新驱动经济发展作用开始显现。尽管自贡研发投入强度没有达到0.8%，但是通过近两年的发展，应该比较接近。因此可以基本判断，成都已迈入创新驱动发展阶段，德、绵、攀、自贡和宜宾创新驱动已启动，正处于转型阶段，除巴中还处于要素驱动阶段，其余处于产业驱动发展阶段（见表5-11）可见，创新驱动四川经济整体发展还是一个较漫长的过程。

表5-11　　　　四川各市（州）经济发展所处的阶段基本判断

阶段	创新驱动阶段	创新驱动转型阶段	产业驱动阶段	要素驱动阶段
市(州)	成都	攀枝花、德阳、遂宁、绵阳、自贡、宜宾、雅安、资阳	泸州、内江、乐山、眉山、广元、达州、广安、“三州”、南充	巴中

尽管攀枝花市人均GDP在各市州最高达到10 000美元以上，乐山、自贡也超过了5 000美元，科技进步贡献率超过45%，但研发投入强度各市仅为0.99%、0.39%与0.63%，离创新驱动经济发展还有一定差距，而攀枝花、乐山等市产值能耗都很高，攀枝花市高达3.11，是成都的3倍有余，乐山也较高，说明攀枝花和乐山经济发展仍然是依靠粗放型的资源开发利用，这一点与

它们的实际相符，攀枝花主要依靠的是钢铁和钒钛资源的开发利用，乐山主要依靠水泥以及纸产业等。综上，我们认为攀枝花和乐山、达州等8个市（州）工业增加值单位能耗超过2.5的市州都是走的资源型、高耗能、粗放式的发展道路，与当前的生态、低碳发展理念相去甚远，如何通过科技创新政策引导和鼓励产业转型升级发展就显得十分紧迫和重要。

当然这里需要补充说明，此书没有从行业的细分角度研判不同行业创新驱动的门槛值，四川以旅游开发、水资源开发和农产品开发为主的市（州）（特别是“三州”以及秦巴山地区）的研发投入强度是否都要达到2%以上才能启动创新驱动的车轮，待进一步深入研究。

四、四川各市（州）区域创新能力的变动趋势

（一）区域创新能力变动趋势研究综述

近年来，研究区域间创新能力的变动趋势受到了较大关注。大部分学者重点以专利相、绝对指标空间分布的变动趋势为研究对象，并形成了两大派别：一派是李志刚（2006）、沈能（2009）、魏守华等（2011）认为我国区域创新能力空间变动具有趋异性，即创新能力进一步向少数省级集聚，非平衡特征更加突出；另一派是姜磊、季民河（2011）研究长三角区域创新能力时发现先进地区与落后地区创新能力具有σ趋同性。总的来说，学者普遍认同，区域创新能力具有在特定地区聚集的空间分布特征，并客观存在差异性，邻近的区域创新能力具有趋同性、非邻近的差异将进一步拉大。造成该状况的主要原因是，人力资本、经济发展水平、研发投入、知识溢出以及地理空间邻近效应等（李文博，2008；魏守华等，2011；罗发友，2004）。尽管蔡兵等学者（2008）对四川创新能力的空间分布有所研究，但时间较久远（2004），而且从收集的文献中，没有对四川各市（州）区域创新能力的差异变动进行研究。四川由于特殊的国家战略布局、地理空间本身的差异悬殊，各市（州）区域创新能力差异是客观存在的，那么这种差异随着时间推移是呈现扩大的态势还是趋同，既具有研究价值，也有现实意义。

（二）趋同理论的意义及研究方法选择

应用该理论可以测算四川低创新能力水平地区是否能追赶上创新能力水平较高的地区。在趋同理论中，主要有三种趋同概念，分别是σ趋同、绝对β

趋同和条件β趋同。σ趋同一般用区域间的创新能力的变差系数、基尼系数或泰尔系数衡量。存在σ趋同表明创新能力越来越接近，差距逐渐减小。绝对β趋同考察的是区域创新增长率的趋同，绝对β趋同认为所有的地区最终将趋同于同一个稳态，而条件β趋同由于考虑了地区间的异质性，认为每个地区都将趋同于自身的稳态，而离自身稳态越远则趋同速度越快①。在创新具有空间聚集特征的前置条件下，我们认为σ趋同和条件β趋同更具有现实意义。我们以选择σ趋同研究四川区域创新活动是否存在趋同现象，若不成立那么将以条件β趋同方式存在，即不同小生境创新能力存在自身稳态。

（三）四川区域创新能力变动的σ趋同分析

1. 变量选取及数据来源

从历年的研究文献中可以看出，以往学者研究区域创新能力的变动趋势，主要以专利（包括申请或授权）这一单独指标来考察区域创新能力变动趋势，这种研究不全面，仅表达了区域的知识创造能力，远没有反映出区域创新能力的全过程。区域创新是一个包括知识创造、运用以及扩散的全过程。不可否认区域创新能力的内涵是动态的，在当今创新生活化、生态化以及常态化，特别是习总书记在2015年“两会”上把生态文明建设放在与经济同等重要的战略地位。因此，鉴于区域创新能力的全面性、全过程性、生态性以及四川农业大省的特点，本文选择专利授权、人均GDP以及工业增加值能耗考察四川各市（州）区域创新能力的变动趋势，更能全面反映四川区域创新能力的变动的特点。由于自2006年我国自主创新能力从国家层面倡导以来，四川各市（州）区域创新能力发生了较大变化，创新的变动趋势特征日益明显，因此选择2006—2013年为样本期，数据来源于2007—2013年《四川统计年鉴》及四川专利局网站统计数据。

2. 结论及分析

我们应用变差系数来检验四川各市（州）区域创新能力差异是否存在σ趋同。

① 姜磊，季民河. 长三角区域创新趋同研究——基于专利指标［J］. 科学管理研究，2011，29（3）：3.

表 5-12　2006—2013 年四川区域创新能力基于变异系数下 σ 趋同分析

指标＼年份	2006	2007	2008	2009	2010	2011	2012	2013
专利授权	0.304 9	0.301 8	0.284 7	0.270 9	0.273 5	0.296 6	0.286 7	0.305 8
人均 GDP	1.934	2.026 7	1.964 1	2.163	2.234 4	2.362 9	2.345 9	2.435 1
工业增加值能耗	2.593 4	2.634 8	2.584 5	2.640 1	2.825 9	2.913 9	2.853 8	—

由表 5-12 可知，在选择的样本期（2006—2013 年）内，四川区域创新能力全过程的变差系数的指标值均没有随时间而持续下降，人均 GDP 和工业增加值能耗都是随时间逐渐上升，并有持续上升的趋势，说明区域间的经济发展能力和低碳经济发展不平衡特征（趋异性）进一步加剧。专利授权 2006—2012 年有逐渐下降的趋势，但降幅很小，而且到 2013 年基本与 2006 年水平相近，在选择的期间有一种趋于稳态的趋势，说明落后地区知识创造有所增强，但力度很弱，同时也不排除"5·12"汶川大地震使成都、绵阳等地受到较大的影响，放缓了创新步伐，给其他地区创造了条件。不过从总体上来说，四川近十年各区域专利授权相对变动幅度不大，有一种趋稳态势。

同时，我们从专利授权、人均 GDP 以及能耗三者变异系数的变动趋势来看，专利授权变异系数由 2006 年的 0.304 9 到 2012 年的 0.286 7，缩小了 0.018，缩小幅度不到 1/万；人均 GDP 的变异系数增大了 0.402 9，增幅达 20%；工业增加值能耗变动系数增大 0.260 4，增幅达 10%。说明四川各市（州）相对自身都比较注重知识的创新，同时在产业的选择上虽然有趋异性，并更加向低能耗、绿色方向发展；但是技术（创新成果）驱动产业发展方面的分化更加明显，即各市（州）在技术的应用能力上差距越来越大，这一点可以从 2012 年与 2014 年科技进步指数也可以看出，自贡、资阳、阿坝在技术能力上大大增强（提升了 8 个点以上），而凉山、甘孜则有较大回落（5 个百分点），雅安、乐山、遂宁也有所退步。

3. 小结

综上，四川各市（州）区域创新能力不具整体明显的趋同性，至少存在 2 个及以上创新极自稳态系统，与我们研究的空间分布特征和各区域所处不同阶段是一致的，在实施创新驱动产业发展应采取差异化策略，同时应进一步加快区域协同创新发展力度和速度，促进创新成果加速扩散。

第六章　四川创新驱动产业发展战略实施路径研究

一、研究的背景介绍

党的十八大以来，我国把科技创新放在国家全局发展的核心位置，创新驱动发展战略上升为国家战略。习近平总书记多次强调，实施创新驱动发展战略是立足全局、面向未来的重大战略，决定着中华民族的前途命运。2014 年 9 月 10 日李克强总理在夏季达沃斯论坛开幕式上指出，要借改革创新的“东风”，推动中国经济科学发展，在 960 万平方公里的土地上掀起“大众创业”“草根创业”的新浪潮，形成“万众创新”“人人创新”的新态势。毋庸置疑，创新驱动发展的车轮已在举国上下强势启动，四川也不例外。

“十一五”以来，四川经济社会发展取得了巨大成就，跻身全国经济总量第二梯队，已进入工业化、城镇化“双加速”的新阶段。但发展不足、发展水平不高的问题仍然存在。随着资源环境约束趋紧、劳动力成本上升和国内外竞争加剧，特别是西方国家的再工业化，四川面临着做大经济总量和提高发展质量的双重任务，在追求“量”的同时提升“质”的水平，从追求覆盖面到追求高品位和追求高端产业、产业高端。要实现这个目标任务的根本举措是依靠科技创新，深入实施创新驱动战略。

整体上，四川已由要素驱动为主迈入创新驱动发展转型阶段。2013 年 5 月，四川省委将“创新驱动”定位为推动“多点多极”“两化互动与城乡统筹”战略的内在动力。但是四川创新驱动产业的动力明显不足，科技与产业结合不紧密。2013 年在国家区域创新能力评价中，四川省居全国第 15 位；在全国科技进步统计监测中，科技进步指数达到 52.1%，居全国第 14 位；而人均 GDP 仅 3.25 万元（约 5 250 美元）①，位居全国第 25 位，经济增长方式中劳动生产率很低（4.8 万元/人），在全国排位中居 25 位；综合能耗产出率 10.9 元/千克，居全国第 19 位，说明四川经济发展方式整体还属于劳动密集、高能耗型，创新对四川经济（产业）驱动作用整体还较弱。

新常态下，产业作为经济发展的核心实体，在创新成为社会经济发展内驱力和核心要件时，研究制定有效的统揽全省创新驱动产业发展战略实施路径十分必要和紧迫。

二、四川创新驱动产业发展的现状及特点

（一）高新技术产业成为重要支持，位居全国前列

经过 30 多年的发展，四川产业由全球低端向中高端迈进，现代化水平不断提高，“7+3”优势产业日益突显其优势，高新技术产业和战略性新兴产业成为重要支撑②。新一代信息技术、重大装备（航空航天、轨道交通等）、生物医药等产业集群已“链接”全球，引领四川产业走向高端，成为中国中西部地区高技术产业和战略性新兴产业发展的“先头兵”。2013 年全省实现工业增加值 11 578.5 亿元，居全国第 8 位，其中电子信息、装备制造、食品饮料、油气化工、能源电力、钒钛稀土、汽车制造七大优势特色产业，其增加值占到全部工业增加值的 78%左右。新一代信息技术、新能源、高端装备制造、新材料、生物、节能环保六大战略性新兴产业快速增长，2013 年重点培育发展 502 个战略性新兴产品，产值突破 5 000 亿元，居全国的第五位，工业增速大大超过规模以上工业企业，成为支撑四川省工业经济增长和优化产业结构调整的重要力量。

（二）特色产业更加突出，竞争能力不断增强

1. 装备制造发展壮大，高端制造能力增强

四川是我国重要的重大装备制造基地和三大动力设备制造基地之一，装备

① 2013 年人民币兑美元汇率中间价为 6.193 2。

② 2013 年，四川战略性新兴产业产值达到 5 418 亿元，新一代信息技术、新材料、高端装备制造、生物医药、节能环保和新能源装备分别达到 2 195 亿元、1 093 亿元、724 亿元、536 亿元、466 亿元、404 亿元。

制造优势突出，形成了德阳、成都、自贡三大重装产业基地，聚集了东方电气、中国二重、中航工业成飞、四川宏华、绵阳新晨动力等龙头企业，培育出清洁高效发展设备、工程机械、石油钻采、冶金化工成套设备、铁道机车车辆等优势产品，发电设备产量连续多年居世界第一，冶金设备、大型轧钢设备、大型石油钻机、内燃机车等产品市场占有率全国领先。高端装备制造已初具规模，形成以成都市为重点，绵阳和德阳为主要集聚区的航天航空产业基地，并形成从研发设计到发动机制造以及维修服务为支撑的航空制造产业体系，川大智胜公司研发的系列空中交通管制中心系统取得了重大突破打破了欧美的垄断地位；轨道交通产业集中在成都，具有全球领先的自主技术和全球首个轨道交通产业园，东方电气集团具备国内唯一的核电设备成套供应能力；川油宏华具有自主知识产权的DBS变频石油钻机产品研制成功并成套出口美国、俄罗斯等高端市场，并成为全球最大的陆地石油开采设备供应商，其产品全球市场占有率达到20%以上，目前已有PCT国际18项、另有2项美国正在审批中①。而且以川油宏华牵头组建的四川省广汉油气装备制造产业专利联盟开启了四川产业组织新模式。2013年装备制造实现主营业务收入3 126.9亿元，比2012年增长12.8%，成为四川工业重要支撑，其中高端装备制造达到700亿元以上。

2. 电子信息产业日益增强，逐渐向软硬件并举发展

电子信息产业是创新驱动较明显的产业，产业变化快，创新要求高。四川根据自身优势，抓住了这一创新型产业，形成以成绵为主，遂宁、乐山、内江、资阳配套的支撑格局，在全省61个省级以上开发区中，22个开发区都将其列为主导产业，并拥有13个国家创新产业基地。培育出长虹、九州、迈普以及川大智胜等大型本土创新型企业，吸引了英特尔、IBM、联想、华为、富士康等全球龙头企业落户，搭建起链接全球的平台。在电子元器件、电子装备、家电研发和制造方面地位突出。集成电路领域与长三角、珠三角比肩；新型平板显示领域逐步形成有较强国际竞争力的千亿级产业集群；船天航空电子、信息安全等领域，研发与制造能力较强，数字视听、大型行业应用软件、嵌入式软件、数字娱乐等发展势头迅猛。2013年电子信息产业实现营业收入2 258.4亿元，新一代信息技术达到2 195亿元，占90%以上。

3. 生物医药产业体系日益完善，自主创新能力不断增强

“无川不成药”，四川生物医药产业特别是中药发展历史悠久，在创新驱

---

① 作者赴德阳、广汉调研获得资料。

动产业发展的推动下，四川生物医药产业形成以成都为核心，德、绵、资、内集群，凉、乐、雅集群，甘、阿藏药集群为支撑的三大生物医药产业集群的发展格局。研发及其服务外包企业主要集中在成都，其专利授权数量占到全省的90%以上；截至2013年年底拥有规模以上生物医药工业企业188家，销售收入过亿元企业近百家，其中过5亿元企业10余家，地奥、康弘药业以及科伦药业超过10亿元，规模以上企业数量仅次于上海、北京，已形成生物技术药、化学药物、现代中药、医疗器械、医用材料等门类较全的产业体系。大型医疗设备、体外诊断试剂部分领域达到国际领先水平，现代中药、疫苗、血液制品、大输液产品的技术研发水平处于国内领先地位，地奥心血康胶囊在荷兰获得上市许可，成功实现我国治疗性中药进入发达国家主流市场零的突破；康弘药业康柏西普眼用注射液正式获批生产上市，是我国第一个自主创新研发成功用于治疗湿性年龄相关性黄斑变性致盲性眼病的国家I类生物新药，开启了中国生物制品获得国际非专利名称（INN）的先河。培育出心血康、人血白蛋白、抗病毒颗粒等30多个单品种销售过亿元的拳头产品，大容量注射剂、血液制品等产品已占国内市场1/3份额，2013年四川生物医药产业实现主营业收入536亿元①。

4. 材料产业特色突出，开发利用能力不断增强

四川是一个材料产业资源丰富的大省，从能源、建材到纺织品以及钢材、水泥等传统材料到钒钛等新材料，具有广泛的资源基础，在钛新材料、硅锂材料、化学材料、稀土材料、超硬材料、生物医学材料六大重点领域具有比较优势，已经初步形成了部分产业基地，拥有攀西国家级战略资源创新开发试验区、自贡国家新材料产业基地两大国家级创新载体，形成了攀西钒钛产业带，以成、绵稀土应用及产品研发和凉山为资源支撑的三大产业带，成、乐、眉、雅硅产业带、自贡国家新材料产业基地以及以德阳经济开发区园、新津工业集中发展区、泸州军民共建化工园区等化学新材料产业园区。攀钢集团、新光硅业、阿波罗科技、自贡硬质合金、四川大学国家生物医学医用材料研究中心等一批新材料企业加快发展，形成了具有四川特色的高技术新材料产业。芳纶Ⅱ、芳纶Ⅲ、玄武岩纤维具有国际先进水平，玻纤产能居全国第四位，聚苯硫醚树脂和纤维技术全国领先，镧系光学玻璃产能占全球近30%，TFT-LCD液晶玻璃基板填补了国内空白，黏结钕铁硼产能全球第三，碲化镉/硫化镉等材料技术属国内首创，骨诱导材料、纳米羟基磷灰石、钛金属磷灰石涂层材料等

① 省政协十一届第六次常委会议参阅资料，2014年5月。

产品技术居全国前列。2013 年实现主营业收入 1 092.66 亿元，成为四川第二大战略性新兴产业，“新常态”下成为引领四川产业更快更好发展的重要产业之一。

5. 饮料食品结构趋优，产业品牌影响力不断提升

四川作为农业大省，是全国粮食、油料、柑橘、茶叶等多种经济作物的主要产区和五大牧区之一，形成以白酒、肉制品、粮油、卷烟、饲料、茶叶、调味品等为代表的优势产品，在全国占据了重要市场份额。其中生猪出栏量居全国第 1，茶叶产量居全国第 2 位，白酒产量占全国 30%。已形成川酒领军，川粮、川烟、川茶等具有特色的传统产业发展，五粮液等“6 朵金花”进入全国白酒行业 20 强。竹叶青、蒙顶山（川茶）、高金（食品）、四海（川猪）、欧度（服装）等品牌知名度和影响力不断提升。已培育出四川省畜科饲料、四川新希望集团、泸州老窖、四川高金食品等龙头企业，2013 年，饮料食品等传统产业工业增加值增长 10.9%，实现主营业务收入 4 145.5 亿元。

同时，通过创新驱动产业，加快了能源电力向清洁能源节能环保等产业的发展；油气化工向精细化及化工新材料等方向的转型升级发展，汽车产业由引进代加工制造为主开始向研发设计发展。

（三）产业空间结构分布更加明显

近年来，四川根据资源环境承载力和区位条件，制定实施了《四川省主体功能区规划》，并将其落实到基础设施建设和园区建设中，制定实施了全省产业园区发展意见和开发区布局调整规划，省级财政每年安排专项资金 5 亿元，引导形成产业发展重点明确、分工协作有序的五大经济区。通过着力建设全国最大的清洁能源生产基地、国家重要的战略资源开发基地、现代加工制造业基地、科技创新产业化基地和农产品深加工基地，提高了重点产业集中集聚发展水平。目前，全省工业集中度达到 60%以上，已建成国家级开发区 13 个、省级开发区 44 个，百亿产业集群达到 22 个，各类产业园区 204 个。部分区域还通过指导有条件的市县建立“飞地经济”、共建产业园区等方式，促进了产业布局的优化布局。五个经济区和 21 个市（州）之间的产业分工进一步明确，初步形成了成都经济区以电子信息、生物医药、装备制造、农产品深加工为主，川南经济区以能源、化工、食品、机械为主，攀西以黑色和有色金属、能源为主，川东北以建材、纺织、食品为主，川西北以水电、矿产为主的空间格局。其中，成都电子信息、德阳重大装备制造、绵阳数字家电、攀枝花钒钛钢铁等产业基地的特色明显，优势也较为突出。五大经产业布局见表 6-1。

表 6-1 四川五大经济区产业发展及布局情况

五大经济区	区域范围	产业发展的重点
成都经济区	以成都为核心，绵阳、德阳、遂宁、乐山、眉山、资阳、雅安7个市为支撑的区域	重点发展了以电子信息、生物技术、新材料为代表的高新技术产业，汽车制造、航空航天等高端装备制造业和新能源装备产业，全面推进了产业转型升级，不断提高产业国际化水平；大力发展了以现代物流、工程总集成总承包、科技研发与技术服务为代表的生产性服务业和饮料食品业
川南经济区	由内江、自贡、宜宾和泸州4市构成的多核心经济区	加快传统优势产业的改造提升和以高端装备制造、新能源、新材料、节能环保装备为重点的战略性新兴产业。发挥临港工业优势，重点打造川南沿江重化工产业带，加快老工业基地改造转型，支持和保护名优白酒产业健康持续发展
川东北经济区	包括南充、广安、达州、广元、巴中5个地级市	依托天然气开发，积极发展以天然气为主要原料的化工产业，打造天然气化工产业集群。加快丝纺服装、食品饮料、建材等传统优势产业的改造升级，建设特色农产品深加工基地
攀西经济区	包括攀枝花市、凉山州2个市（州）	加快攀西国家战略资源创新开发试验区建设，加强钒钛、稀土、磷和铜铅锌等有色金属矿产资源综合利用开发，大力推进三江流域水电资源开发利用，依托特色农产品优势打造国家级优质特色农产品深加工基地
川西北生态经济区	甘孜州、阿坝州	坚持因地制宜、生态优先、适度发展的原则，积极推动民族地区水电等特色资源开发和农牧产品加工、藏药产业、旅游工艺品等特色产业发展

从表6-1可知，四川五大经济区主要是从地理空间和产业特点来划分，与四川创新能力的空间分布特征有较大差异，创新驱动驱动产业发展的特点不明显，需要重构创新驱动产业发展的空间路径。

三、四川创新驱动产业发展的主要做法及成效

为促进四川创新驱动产业发展，“十二五”以来，省科技厅会同相关部门联合实施了“三大工程”“三大行动”，通过深化科技体制机制改革、科技成果转化、高技术产业发展和战略性新兴产品培育、产业园区（基地）及平台

建设、创新型企业培育和产业组织创新等举措，有力促进了四川创新驱动产业发展。

（一）着力推动科技成果转化，促进创新成果产业化

科技成果转化是创新驱动产业的关键节点，“十二五”以来，四川加强了科技成果转化的力度。一是出台了《四川省重大科技成果转化工程实施方案(2011—2015)》，并把科技成果转化列为全省的“一号工程”。二是实施了重大科技成果转化专项。每年在 15 个产业细分领域选择一批重点项目实施。2013 年组织实施科技成果转化项目 369 项，带动实现产值 3 400 亿元以上，有效促进了科技成果转化与产业的结合。三是着力推动科技成果转化服务体系建设。围绕科技成果转化服务链，按照专业化管理、市场化运作，推进建设了成果信息服务、分析测试、技术转移、区域服务、工程化、孵化及投融资服务多层次、多渠道、多元化的 7 大类平台，实现“发现、筛选、撮合、转化”项目的作用。目前已建立起专业性、区域性技术转移中心分支机构 21 个，国家技术转移机构 8 个，组建了四川及西部技术转移联盟，初步建立起覆盖全省的技术转移网络。成都市还组建了全国唯一一家技术转移集团。四是开展科技成果转化对接交易活动。通过举办、参加国际性、区域性综合和专业性科研成果对接活动，推动“产、学、研”、中介、金融机构以及省内外企业开展多层次、多形式的成果交易，西博会、科博会①已成为四川省科技成果展示及交易的重要平台等，2013 年四川省内技术市场合同交易额达到 171. 7 亿元。五是完善了科技成果转移转化机制。着力推动了科研院所成果处置权、收益权改革试点，组织了电子科大、西南交大、四川大学等 7 家单位试点，成都市先后出台了校、院、地“蓉城十条”新政策。

（二）大力培育以企业为主体的多元化创新创业主体，提升创新驱动产业主体的规模和质量

1. 制定方案和相关政策，大力培育发展科技型中小微企业

四川修订出台了《四川省科技型中小企业技术创新资金项目管理暂行办法》（川科发高〔2013〕26）和《四川省科技型中小企业企业技术创新资金管理暂行办法》（川财企〔2013〕24 号），进一步加大对科技型中小企业创新创业的支持力度。同时积极争取国家科技型中小企业技术创新基金的支持；并组

① 中国科技城科技博览会，2013 年在绵阳第一次成功举办。

织省内科技型中小微企业参加中国创新创业大赛3次，绵阳科技城有望成为中国军转民专业化赛区。省科技厅制定了《四川省科技企业孵化器建设方案》，推出加快科技企业孵化器建设与发展的措施，设立专项资金大力度支持孵化器建设。截至2014年9月，全省企业孵化器和大学科技园新孵化企业共计2 703家。

2. 加强高技术技术企业认定工作，着力高技术企业培育

通过组织专家深入各市（州）开展高企认定专场培训会，引导鼓励企业向高技术企业方向发展，截至2013年，全省高新技术企业数量已达1 800家，其中，年产值上100亿元的企业10家、50亿~100亿元的企业11家、10亿~50亿元的企业103家。①

3. 着力培育梯级创新型企业

为加快建设以企业为主体、市场为导向、“产、学、研”结合的技术创新体系，促进企业走创新驱动发展的道路。从2007年，以省科技厅牵头、经委、发改委、国资委、国税局等联合制定出台《四川省建设创新型企业工作的管理（暂行）办法》川科政〔2007〕4号文件，2012年年底省政府又重新发布《四川省建设创新型企业工作办法》（以下简称《办法》），明确创新型示范、试点、培育企业遴选范围、资格和条件②，对于省重大科技专项、科技工程、各类科技计划、国家和省级科技项目、省专利申请资助资金、建设企业研发机构、技能比赛评先创优及争创驰名（著名）商标等，将给予创新型企业优先支持。截至2014年，四川省共培育发展了国家创新型（试点）企业26个，省级创新型企业1 154个，示范企业387个，培育企业74个，从整体上提升了全省企业的质量③。

4. 着力培育企业技术创新主体地位

为着力提高企业研发能力，2014年制定了《四川省高水平企业研发机构管理办法》，遴选出华为、东汽等40家高水平企业研发机构开展示范。主动吸纳了新晨动力、宜宾丝丽雅、华为（成都）等创新实力强的企业，参与2014年重大科技项目的规划、组织和决策。产业目标明确的省级重大科技项目全部由企业牵头实施，2014年由企业牵头的科技项目1 309项，经费8.45亿元，占重大项目的70%，逐步建立起以企业为主体的技术创新研发机制。

---

① 数据来源省政协十一届第六次常委会议资料。

② 创新型企业将重点在四川“7+3”产业和战略性新兴产业领域内的高新技术企业、科技型企业和高成长性企业等依靠技术创新发展的企业中遴选。

③ 《四川省科技基础信息手册（2014年）》。

5. 加快小微企业培育

随着万众创新大众创业在全国全面开展，商事制度改革在成都、绵阳等4个市州的试点，小微企业及个人创业在成都、绵阳等区域大量涌流，创客空间、众创空间如雨后春笋般涌现。成都高新区从2015年1月1日实行“一址多照”“三证合一”等商事制度的改革中，半年时间，新登记各类型企业6 166户，同比增长了56.18%①。2015年2月成都市还及时启动实施“创业天府”行动计划，并举办了首场“创业天府·菁蓉汇”活动，突出“知识青年”生力军作用，并着力大学生创新创业的平台搭建，“互联网+”成为首选项目，这将开启四川新一轮创新创业的热潮。

（三）着力科技创新推动产业转型升级

1. 依托高技术产业园区，大力发展高新技术产业

为推动高新技术产业快速发展，四川省政府先后印发了《四川省高新技术产业及园区（基地）发展实施方案》（川府发〔2007〕22号）、《四川省关于加强自主创新促进高新技术产业发展若干政策》（川府发〔2007〕23号）。建立了以省长为召集人、相关部门参加的高新技术产业及园区发展联席会议制度。对全省高新技术企业、高新技术产业及园区（基地）发展进行统筹规划，系统部署，全面推进。2013年，全省高技术产业总产值达到10 341亿元，其中建筑业、服务等非工业领域高新技术企业实现产值1 101亿元，创新驱动四川传统产业的转型升级发展初见成效。四家国家级高新区高技术产业发展优势明显，目前成都高新区已形成电子信息、生物医药、精密机械制造三大主导产业及软件、集成电路、光电显示、通信以及移动互联网等创新型产业集群，2013年实现工业总收入3 648亿元；绵阳高新区实施“企业、产业、园区倍增”计划，重点依托并用好绵阳科技城品牌，加快推进绵阳高新区电子信息、汽车及零部件、新材料三大主导产业集中集约集群集聚发展，做大做强军民融合产业，全面提升绵阳高新区作为国家级电子信息和数字家电产业基地水平，2013年实现工业总收入910亿元。自贡高新区重点发展壮大节能环保装备制造和新材料两大优势特色产业，促进产业集中集约发展，2013年实现总收入580亿元。乐山高新区重点发展光伏新能源产业、电子信息（物联网）产业、生物医药产业、现代服务业，2013年实现总收入188.9亿元。

2. 实施战略性新兴产品培育工程

2011年四川制定了《四川省战略性新兴产品“十二五”培育发展规划》

① 高新区新登记企业同比增长超五成［N］. 成都商报，2015-06-01（3）.

（川府发〔2011〕2号），设立了每年1亿元的“四川省战略性新兴产品培育工程”，2012年调整为“611计划”①。目前，全省已规划培育发展的战略性新产品达502个，其中重大关键产品28个，重点产品130个，区域特色产品344个。2013年，战略性新兴产品产值突破了5 000亿元。

3. 实施三大行动工程，着力传统产业升级及推进科技富农惠民服务民生发展

组织实施了一批重大科技富农惠民计划。开展农畜育种攻关，实施生猪、泡菜、食品、茶叶、粮油、烟草、丝绸以及林板家具等农业科技创新产业链示范工程，加强先进实用技术推广应用，着力加强科技促进传统产业升级。深入推进国家（成都）生物医药产业创新孵化基地建设，进一步完善四川生物技术创新公共服务平台。加快科技在生态环境保护中的应用，重点加强川西北的沙化治理、水环境治理以及清洁能源的综合开发利用。加强科技在公共安全（重点开展地震预警技术研究），以及重大传染病的预防及监测技术的运用。

（四）着力创新驱动产业的环境建设和优化

1. 加强创新驱动产业的服务体系和平台建设

近年来，四川省着力完善“创业苗圃+孵化器+加速器+科技楼宇+产业化基地”孵化链条，探索建设“创投+孵化”的新型孵化服务模式，推动形成了覆盖成果转化和企业成长全过程的孵化培育网络体系，制定了《四川省关于加快科技企业孵化器发展的若干措施》，重点加强孵化器、大学科技园和生产力服务中心等服务体系建设。截至2013年年底拥有国家级科技企业孵化器11家，省级科技企业孵化器31家，另有市级孵化器数十家。拥有国家大学科技园5家，省级大学科技园1家，在孵化面积13.2万平方米；拥有生产力促进中心144家，其中国家级中心7家。在创新平台建设方面，重点加强了工程技术研究中心建设，国（省）级工程技术研究中心136家，其中，国家级16家。

2. 加快了创新驱动产业发展载体的扩容和升级培育

一是实施“1525”倍增工程，培育壮大特色产业园区。四川省自2008年提出“1525”工程以来，采取一园一主业，园区有特色和“五向”发展原则，积极培育四川特色产业园区。2013年启动“升级版”——“产业园区1525倍增工程”，计划到2017年培育10个年营业收入1 000亿元园区、5个2 000亿

---

① 即到2015年，突破60项以上的关键核心技术，开发形成拥有自主知识产权、成长潜力大、综合效益好的100个以上重点产品，培育发展国内领先的10户以上示范基地。

元园区、25 个 500 亿元园区，千亿园区在全省园区的产业发展、转型升级、出口创汇等方面一直发挥着极强的带动作用。二是创新高技术园区认定标准，推动产业园区转型升级发展。为提升四川产业园区的品质和档次，2013 年，省政府出台《四川省高新技术产业园区认定和管理试行办法》，该办法首次在全国分行业、分区域确定了高新技术产业园区投入产出强度指标，为四川大部分市（州）以制造业和传统产业的经济技术开发区和特色园区迈入高新技术园区降低了门槛。攀枝花钒钛产业园区等 3 家转型被新认定为省级高新技术产业园区。三是设立创新驱动产业重点示范区域，着力提升创新驱动产业影响力。2013 年四川省《关于实施创新驱动发展战略增强四川转型新动力的意见》指出着力培育和发展绵阳科技城军民融合创新驱动示范区、天府新区创新驱动改革实验区以及攀西战略资源创新开发试验区三个重大的具有特色的科技创新区域。2013 年省政府下发了《关于印发支持绵阳科技城加快建设政策措施的通知》（川府发〔2013〕30 号），专门为科技城出台针对性强、含金量高的 10 项支持政策。为加快天府新区建设，出台了《四川省人民政府关于支持天府新区创新研发产业功能区建设的意见》（天成管发〔2014〕26 号）。积极鼓励和支持成都高新区建设国家级自主创新示范区和世界一流园区，并作为 2015 年全国“两会”四川的重要提案之一，2015 年 6 月 11 日成都高新区正式获国务院批准成为中国西部首个，全国第八个国家自主创新示范区。

截至 2014 年年底，四川共有国家（省）高技术开发区 9 家，其中国家级 4 家；国家高新技术产业化（现代服务业、文化与科技金融）基地 20 家，省级特色高新技术产业化基地 39 家；国家农业科技园 4 家，省级 93 家（新农村示范片）；国家可持续发展实验区 4 家，省级 10 家；国家国际科技合作基地 14 家，省级 10 家；国家科技兴贸创新基地 5 家；国家科技特派员创业（培训）基地 9 家；重大科技创新区域 3 个。通过创新驱动产业园区载体的打造，加强了四川产业的集群、集中以及升级发展。

3. 启动了产业技术路线图编制工作

为引导重点企业和科研院所等研发机构对四川省产业发展中的关键核心技术和基础共性技术重点突破、引导企业产品创新、引导地方政府有针对性地对产业发展缺失环节进行招商引资，完善产业链，指导产业良性发展。2013 年围绕四川战略性新兴产业主攻方向，重点在智慧城市、云计算、数字家庭、大数据、新能源汽车、稀土材料等 10 余个具有良好发展基础和市场前景广阔的领域启动制定明确的“路线图”和“时间表”，目前已制定了 3D 打印产业技术路线图等。

4. 创新产业发展组织形式，构建各种战略联盟

为有效解决创新驱动产业链断裂问题，实施“产、学、研”协同创新工程，省科技厅与知识产权局着重推进产业技术创新联盟构建、积极发展专利联盟、标准联盟等，鼓励不同形态的“产、学、研”创新组织加快发展，并制定了四川省产业技术创新联盟评估工作方案①，促进新联盟健康发展。至今，共建省级及以上产业技术创新联盟105个、6个备案联盟，10个产业技术研究院，2个专利联盟，初步形成了开展技术合作、协同技术攻关、共建研发中心、共建技术联盟、共建产业基地、共建专利池、共建技术标准等主要“产、学、研”合作模式，在一定程度上促进了科技与产业的结合。

四、四川创新驱动产业发展存在的不足及短板

（一）企业技术创新能力弱，科技成果转化吸纳应用能力差

1. 企业研发投入强度不足

2013年，四川省企业R&D投入占全社会的R&D投入刚过半，远低于全国74.60%的水平，而广东、江苏以及浙江等地接近90%，深圳近十年一直保持在90%以上；规模以上工业企业研发投入强度仅0.42%，不及全国0.80%的平均水平。

2. 企业技术开发应用能力较弱

四川企业整体创新能力弱，开发新产品能力不强，2013年四川省规模以上工业企业新产品销售收入占主营业务收入的6.92%，而全国平均水平达12.38%（见表6-2）。企业技术开发应用能力弱，不仅难以抗衡跨国企业，更重要的是导致大学、科研机构等高端专利技术也很难实现企业产业化，迄今四

表6-2　四川工业企业创新驱动产业发展能力与全国的比较　单位:%

区域＼指标	企业研发投入占全社会比例	规模以上企业研发投入强度	规模以上企业设立研究机构数占比	新产品销售收入占主营业务收入比例
四川	50.05	0.42	5.38	6.92
全国	74.60	0.80	11.64	12.38

数据来源：《中国科技统计年鉴2014》。

① 从创新活动、创新绩效、服务产业、运行管理、利益保障5个方面进行综合评述。

川专利转化率不足20%。而且“产、学、研”脱节，在同一产业体系上下游企业的专利技术也很难扩散。笔者在调研四川一家专利联盟机构时，他们也认为，尽管基于产业链辐射带动200多家企业进入专利联盟信息系统，但是大部分中小企业对专利池的专利需求不强，主要原因是没有能力开发。不可否认，作为资源型大省和生产中低端产品区域，只要有利益空间，大部分企业对技术的需求不强是普遍存在的事实，虽然四川企业技术开发应用能力弱，但工业企业的成本费用利润率（7.44%）却高于全国（6.65%）的平均水平。

3. 缺乏具有引领带动的大型企业集团

作为内陆后发区域，四川缺乏像联想、百度、华为、中兴、腾讯、海尔等真正具有国际竞争力和全球影响力的本土创新型领军企业，难以形成有竞争力的创新型产业集群，引领带动全川产业走向中高端。

4. 以企业为主导的技术创新体系没有建立

四川企业间及科技机构间的创新合作意识不强，协作能力还较差，各种联盟的利益机制有待加强；同时，科技体制特别是投入体制制约了企业自觉选择创新的权利，没有真正建立起以市场为导向的技术决策机制。

（二）创新驱动产业发展不足，产业层位整体较低

1. 高技术产业附加值较高，但根植性不强

尽管四川高技术产业增加值率在全国相对较高达到38.8%，但高技术产业与战略性新兴产业中的IC、光电显示、光通信、电子终端等产业增加值率均不超过30%，而先进国家超过40%；软件产业增加值率也仅为45%左右，远低于国际先进水平，表明创新驱动产业发展不足。而且更重要的是电子信息产业主要由跨国公司主导，产业根植性不强，如果一两个大企业（外资企业）的转移或撤离，就会极大影响产值规模和地区贡献，产业波动性较大，区域产业生态系统比较脆弱。航天航空制造业的核心技术虽然水平较高，但民用产业化困难；以道地中药材、“无川不成药”闻名的生物医药也缺乏竞争优势，难以跻身国际市场；移动互联网创新性产业集群发展虽然取得了一定成效，但企业规模普遍偏小；汽车制造也还处于引进模仿创新阶段，从整体上来说四川产业的内生性增长不强。

2. 生产性服务业特别是科技服务业发展明显不足

成都高新区服务业的发展水平相对较高，但其营业收入占营业总收入的比重也不足30%，全省第三产业也只有35.3%，而全球经济总量中服务业占

67.3%，发达国家占80%①。这表明四川以创新为动力的知识型经济的特点并不明显，因此，下一步应加快知识密集型和技术密集型的科技型服务业的发展。

3. 创新型产业组织缺乏

四川十分缺乏联结产业内部合理有序发展的创新型产业组织（技术联盟、产业技术研究院以及专利联盟等），仅有各种联盟100多个，江苏省省级以上产业技术联盟达到1 000个以上，四川只占其1/10，创新驱动产业的组织能力和实力明显偏弱。

4. 高技术产业带动传统产业转型升级能力有限

四川是一个资源型大省，能源、天然气、建材（钢、水泥等）稀土以及农林产品丰富，但主要是初级产品和粗加工制造产业，产品结构单一，技术含量不高；新兴产业增加值总量不足工业增加值的15.0%②，精细化和高端化产品不多，具有国际竞争力的少。而且高能耗产品占主流，除成都市和凉山低于1吨/万元外，其余的市（州）较高，攀枝花、达州两市的工业能耗超过3吨/万元，见图6-1。尽管2013年四川高技术产业主业收入突破5 000亿元，仅次于上海、江苏、广东和山东而位居全国第五，高技术产业化水平居全国第7位，但是全省综合能耗产出率10.94元/千克，居全国第19位，劳动生产率仅4.90万元/人，居全国第25位③，经济增长方式仍然是以劳动密集型和高能耗为主，高技术对传统产业的渗透和应用能力较低。

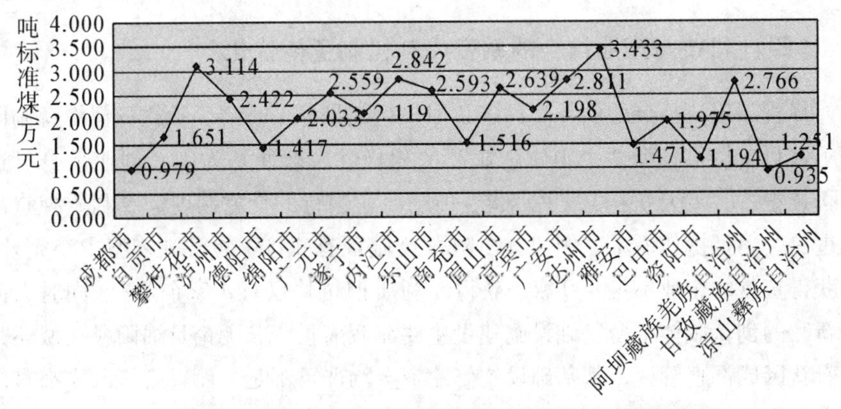

图6-1　2012年四川各市（州）工业增加值能耗

① 江苏省出台三大计划描绘产业升级转型“线路图”［EB/OL］. http://www.cnstock.com/index/gdbb/201008/769364.htm.

② 2013年全省实现工业增加值11 578.5亿元，其中战略性新兴产业产业总值5 000亿元，按30%计算增加值率，增加值约1 800亿元。

③ 数据来源：《2014年全国科技进步统计监测报告》。

（三）创新成果的扩散机制还没有系统建立起来

创新驱动发展的持久力最终以创新成果在产业中扩散的深度和广度决定。着力先行先试区域科技创新成果的推广扩散是创新驱动发展先行区优化升级迈向更高层级的需要，更是四川适应新常态，经济提质增效、产业转型升级的必然要求。科技体制机制改革及政策创新是从点到线到面推广的，目前省科技厅出台《关于推广“盈创动力”模式促进科技和金融结合的实施意见》，绵阳科技城积极响应制订了科技中小企业发展成长全链式科技与金融结合的“涌泉计划”，改善科技型中小微企业融资环境。一些新的体制机制及政策（如中关村政策等）改革试点还仅在成都、绵阳局部区域试点推行，全国以及成都先行区政策体制机制及模式创新成果推广扩散还很有限，特别是科研院所成果转化收益权还在小范围试点。新常态下，要加快四川整体创新驱动发展，转型升级产业，必须加快构建促进先进地区创新成果向后发区域扩散机制。成都市目前正在探索如何扩大成都高新区争创国家自主创新示范区成果，目前还在研究中。这是一个比较系统的扩散创新成果的顶层设计，但构建创新成果扩散的系统机制还有待时日。京津冀产业转移三大税收的迁入与迁出地五五分成的利益机制的构建为四川区域协同创新发展，推动创新成果扩散提供了很好的借鉴①。

（四）科技与产业结合的融资体制机制亟待优化

尽管四川科技金融创新品种多，但执行效果并不理想。贷款责任终身制限制了银行支持科技型“中小微企业”的积极性，即便是为创新创业量身打造的科技银行（专营机构），也沿袭着传统商业银行的贷款制度。专利质押贷款很重要，但是操作困难。例如，绵阳科技城现有 4 000 余家科技型中小企业，但获得贷款的企业不足 400 家，获得专利质押贷款仅有 4 家企业②。同时大部分新区的创新载体平台基础设施建设主要靠政府投资，无论是绵阳科技城还是天府新区成都直管区，其基础设施修建资金均严重不足，而天府新区成都直管区自身没有财权，施行相关政策以来更是困难重重。

---

① 财政部 2015 年 6 月 24 日公布的《京津冀协同发展产业转移对接企业税收收入分享办法》明确了企业迁入地和迁出地三大税种税收收入五五分成，扫除了产业转移过程中因地区间税收利益博弈带来的障碍［EB/OL］. http://www.shandongbusiness.gov.cn/public/html/news/201507/348126.html.

② 作者赴绵阳科技城调研获得资料。

（五）创新孵化载体及科技服务平台不足

除成都市科技公共服务及中介服务体系较好外，其他区域科技公共服务平台十分短缺，特别是技术专利评估、知识产权交易以及技术检测等。创新孵化载体也明显不足，特别是加速器和中试平台等。高端创新平台主要集中在成都平原区，高达70%以上（见图6-2）。

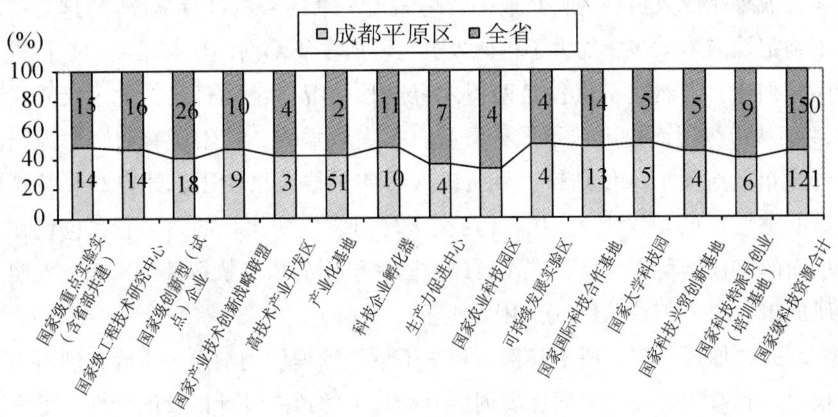

图6-2　成都平原经济区国家级科技创新资源与全省的彩色堆积图

（六）促进创新驱动产业的政策落地难

四川科技资源主要集中在大学、科研院所及军工企事业单位，由于军、地、院所体制分割的藩篱很难打破，不同主体的利益博弈激烈，缺乏层级较高的领导机构，政策落地难，使得创新驱动发展的红利很难释放出来。

1. 军民融合成果转化机制政策效果不佳

绵阳科技城作为国家军民融合发展试点示范区已有十多年了，至今在推动“军转民”和“民参军”方面起色不大。尽管制定了一系列激励军工科技资源市场化流动的政策，主要还是绵阳地方“独舞”，执行的效果不佳。一方面，军工的相对高薪和保障体系与科技成果转化利益分配的不确定性，使得央属军工科研人员在入市创新创业与原地就职之间犹豫不决，举棋不定，看似很有吸引力的技术入股、股权激励等政策落地的不多，穿透力不强；另一方面，是制度层级低，细化不够。军国科研资源的配置需要国家层面的制度设计，目前从国家层面上讲没有明确指出“军转民”“民参军”的技术清单，受国防技术保密以及人才体制等的制约，“军转民”“民参军”进展缓慢。

2. 校院地科技成果转化机制政策推动缓慢

省政府还没有制定的促进校、院、地科技成果转化具体细则，成都市制定的促进“院、校、所”科技人员创新创业的“蓉城十条”实施较难，存在许多不确定性。如第二条提出，“支持在蓉高校院所与发明人约定由双方共同申请、享有和实施相关知识产权；支持发明人通过与单位协商获得高校院所拟放弃的知识产权。高校院所科技成果转化所获收益可按不少于70%的比例，用于对科技成果完成人员和为科技成果转化做出贡献的人员进行奖励。”这一条政策不确定性因素太多，加大了科研人员与院所主管部门的谈判难度，有待进一步明确细化。当然这不仅仅是四川才有这种情况，全国普遍如此。仅武汉市2014年从市级层面提出“下放处置权，扩大收益权，探索所有权”思路，并出台《市政府关于深化高校、科研机构职务科技成果使用、处置和收益管理改革的意见》的“汉十条”①，开启全国先河，但从执行的效果看，也仅在市级层面的高校、科研院所，涉及省以及国家层面的依然执行困难，职务发明人科研成果的“三权改革”仍然困难重重。

因此，加强与院、所主管部门和军工单位管理机构沟通，明确各创新主体的权力、利益和责任，全面提高创新驱动政策的顶层设计以及配套性、可操作性是仍需解决的难题。

五、国内先进地区创新驱动产业发展的主要做法及借鉴

兴办科技园区（开发区）、发展高新科技、实现产业化是我国近三十年科技产业化，创新驱动产业方面不断深化实践的创举，培育出中关村、深圳以及江苏等创新驱动产业成功的典范区域，这些创新型园区、城市和省份在综合服务、发展规划、管理理念、体制机制改革创新等方面取得了不少有益经验，值得借鉴。

（一）中关村创新驱动产业发展之路

经过30年的发展，“中关村”已经浓缩成为中国创新精神的一种象征，世界闻名的中国“硅谷”的代名词。迄今已拥有高新技术企业近2万多家，

---

① “武汉科技十条”：深化高校、科研机构职务科技成果使用、处置和收益管理改革意见[EB/OL]. http://www.innofund.gov.cn/jssc/dfdt/201405/dc57b94948cb4f7c8ffd8ba2ba7e9b4d.shtml.

产业规模遥遥领先于全国其他高新区，并成功跻身于世界高科技园区前列。中关村是如何走上传奇的创新驱动产业发展之路？

1. 政府体制机制的持续创新推动

——坚持体制机制改革探索。中关村一诞生就担负着制度创新的使命。20世纪80年代初，以陈春先等人为代表的一批科研人员下海，开创了中国民营科技企业的先河。之后中关村一直在探索制度创新，涌现出全国第一家不核定经营范围的企业、第一家有限合伙制创业投资机构、第一家科技成果占注册资本100%的企业等，这些都是突破现行制度，解放思想，释放人的创造性和创新活力的制度实践①。

——坚持政策持续创新，先行先试。近年来，中关村围绕吸引和集聚创新资源，把改革推向深入，在全国率先开展了法制建设、工商登记注册、投融资、信用体系建设、知识产权、股权激励、非上市股份公司进入证券公司代办股份转让系统进行股份报价转让等方面的改革试点工作。特别是针对国家自主创新示范区，依托中关村创新平台，探索建立起统筹优化全市创新资源的新机制，着力推出了科技成果处置权和收益权、股权激励个人所得税，等“1+6”政策②。2014年2月出台的中关村“新四条税收”政策，对激发科研单位、企业和科技人员研发创新的积极性，对于进一步优化中关村创新创业环境，都具有很好的政策导向作用。

2. 着力培育以企业为主的“产、学、研”一体化的多元化创新主体

中关村一直着力企业的培育和引进，从中关村创办中国第一家民办科技机构起，到2003年的“瞪羚计划”重点培育中小微科技型企业；再到2010年“十百千工程”，重点培育一批收入规模在十亿元、百亿元、千亿元级的创新型企业，形成具有全球影响力的创新企业群；2011年推出的中关村先行开展完善高新技术企业认定试点，大力支持培育高新技术企业，以及通过并购、嫁接以及联盟等“内培外引”和“走出去”战略等，中关村到2012年已聚集培育了以联想、百度、闪联、中星微电子为代表的2万多家企业，其中高技术产业达到5 000多家，企业销售收入过亿元的企业达到1 500多家，过100亿元级的25家左右，上千亿元企业约4家。企业研发投入及科技活动费用总额占

---

① 中关村：引领中国创新崛起［EB/OL］. http://finance. sina. com. cn/roll/20131108/132117266037.shtml.

② “1”是指搭建首都创新资源服务平台。“6”是指支持在中关村深化实施先行先试改革的6条政策：即高新技术企业认定、科技人员股权激励、研发费用加计扣除、教育经费列支，建全国场外交易市场以及中央级事业单位处置科技成果试点。

企业销售收入的4%，企业创新主体地位突出。

除了数以万计的企业外，在中关村科技园区另外还活跃着两支创新大军，一是以北京大学、清华大学为代表的40多所高等院校，以中国科学院、中国工程院为代表的130多家科研院所；二是各类国家级重点实验室、工程（技术）研究中心、各类孵化器、大学科技园等创新孵化器和以清华大学国际技术转移中心、中科院国家技术转移中心等为代表的技术中介机构上千家和企业自发设立的新型协会组织。近年来，中关村三支研发大军开始相互合作，在中关村演绎了“产、学、研”结合的科技创新的协奏曲。以创新型企业、行业协会、产业技术联盟为代表的新经济组织和新社会组织，中关村形成了我国规模最大、实力最强、结构最完善的区域创新体系，实现了从单打独斗、封闭式创新向开放式协同创新的转变，形成了创新驱动的内在自主机制，由要我创新到我要创新的根本性变化。

3. 培育创新型产业集群

从创新集群培育的视角来看，中关村的产业演化经历了四个阶段过程，第一阶段：产业雏形期（中关村电子一条街），各类要素驱动成效显著，电子产业出现。第二阶段：产业成长期（北京市新技术产业开发试验区），伴随着全球信息革命的兴起，园区崛起了搜狐、新浪等中国首批互联网企业，初步形成了若干有代表性的产业集群。第三阶段：创新型产业集群形成期（中关村科技园区），崛起了电子信息、软件、生物制药等多个有代表性的区域性创新型产业集群及相应的多个龙头企业。第四阶段：培育具有世界级影响力的创新型产业集群（中关村国家自主创新示范区）。① 作为我国信息产业的策源地，中关村于2012年率先在全国布局大数据产业，拥有与硅谷同步发展的大数据产业先发优势。2014年2月北京研究制定了《加快培育大数据产业集群推动产业转型升级的意见》，提出将大力推动大数据技术和应用创新，打造全球大数据创新中心，促进传统产业转型升级，到2016年，中关村大数据带动的产业规模将超过1万亿元，培育出具有世界影响力和竞争力的大数据产业创新型集群。

4. 营造创新环境

——激发人才创新创业活力，构建人才高地。纵观中关村发展历程，始终高度关注人才活力的激发，通过个人所得税奖励返还、股权激励、成果分红以

① 刘宇濠，曾国屏. 创新集群理论视角及中关村、张江和深圳高新区发展路径比较［J］. 特区经济，2012（10）：244.

及人才特区建设和外部环境改善等不断激发人才的创新创业活力，涌现了一批又一批“敢为人先”“励精图治”“知识报国”的科技创新人才。目前，中关村各类从业人员突破150万，集聚了全国1/5以上的中央“千人计划”人才和1.6万名留学归国人员，是全国具有典型示范价值的“人才特区”①。

——不断创新金融产品，打造金融生态环境。中关村作为科技资源的密集区和核心区，科技创新发展始终随着金融的发展而发展，科技与金融的结合不断创新。如建立科技银行、开展新三板试点、开展科技保险试点、鼓励企业上市和并购、发展融资租赁、建立全国性场外交易市场等，中关村不断创新金融产品，在创业板中形成了“中关村板块”；创投基金达到19只，投资案例和投资金额占全国1/3；上市企业达到231家，直追美国硅谷（250家）。目前中关村基本建立起以财政资金为引导，企业直投为主，天使投资为支撑，银行、担保、保险为补充的多元化科技金融体系，形成良好的金融生态环境。

——培育“敢为天下先”的创新文化。自1980年10月23日，中科院物理所研究员陈春先、工程师纪世瀛、崔文栋等7名科技人员在中关村创办中国第一家民办科技企业以来，这种“敢为天下先”的行为和精神一直在中关村不断出现和节节拔高，进而铸就了中关村独特的创新创业文化——“敢为天下先”。中关村“敢为天下先”的创新创业文化是中关村凝聚力、创造力和生产力的重要源泉，构成了中关村的文化软实力。

5. 小结

我们认为，中关村创新驱动产业发展的成功之路，首先是不断改革创新体制机制，创造全国最多的第一，打破束缚技术创新资源流动的枷锁，畅通了以企业为主体的“产、学、研、用”的梗阻；其次是多路径多策略培育梯级创新型企业；再次是注重创新驱动的前沿、高端产业培育，紧跟全球技术创新最新步伐，根据自身产业的优势，打造具有全球影响和支撑性的大数据创新型产业集群；最后是时时践行“敢为天下先”的创新文化、着力营造高端人才和高端产业需要的生态环境。

（二）深圳创新驱动产业发展的成功之路

敢试敢闯，敢于创新，是深圳在短短20年间由一个边陲小镇发展成为现代化国际都市的奥秘。2008年金融危机爆发以来，深圳努力克服“4个难以为

① 中关村：引领中国创新崛起［EB/OL］. http://finance.sina.com.cn/roll/20131108/132117266037.shtml.

继”着力强化创新驱动，大力推进国家创新型城市建设，努力争创国家自主创新示范区，全力构建综合创新生态体系，积极打造创新型经济，以“深圳质量”为标杆，大力实施创新驱动发展战略。2013 年实现高新技术产品产值约为 1.42 万亿元，高新技术产品增加值 4 652 亿元左右，全社会研发投入占 GDP 比重 4%，保持全国领先水平。其成功的秘籍在于：

1. 注重创新型城市建设战略顶层设计，着力构建创新驱动政策体系

作为全国首个国家创新型城市，深圳注重战略规划引领，从规划和政策层面大力加强创新体系顶层设计，保持了“人无我有、人有我优、人优我特”的政策优势。一是制定我国第一部国家创新型城市规划——《深圳国家创新型城市总体规划（2008—2015)》；二是制定了《关于增强自主创新能力促进高新技术产业发展的若干政策措施》（简称《33 条》）；三是陆续出台了互联网、生物、新一代信息技术、新能源、新材料和文化创意六大战略性新兴产业振兴规划和配套政策；四是出台了努力建设国家自主创新示范区、实现创新驱动产业发展的“1+10”政策体系（2012 年)，这些规划和政策为深圳创新驱动产业发展提出了明确的方向和强有力的政策激励机制。

2. 着力培育以企业为主，市场为导向的“产、学、研”结合的开放性技术创新体系

企业既是市场的主体，也是创新的主力军。深圳深刻洞悉其内在机理，在中国率先发展市场经济，也率先构建起以市场为导向、企业为主体、“产、学、研”相结合的技术创新体系。其主要做法是，通过培育高技术企业、支持企业参与国家重大科技专项和各级各类科技计划，鼓励各类主体创办科研机构，鼓励支持龙头企业研发“走出去”，在科技资源密集的国家和地区设立研发中心，如华为、中兴已分别建立了 16 个和 18 个全球研发中心；支持境外机构在深圳设立研发机构或技术转移机构；深入推进“深港创新圈”建设，构建起开放性的技术创新体系。建立无形资产评估、技术入股、技术秘密保护、成果转让收益分配等制度，严格知识产权执法，科技经费重点向技术研究开发计划、创新环境建设计划倾斜等适应不同类型科研活动特点的管理体制和运行机制。努力处理好政府与市场的关系，用政府权力的“减法”换来市场活力的“乘法”，打通土地、产权、资本、人才、劳动力等要素市场，努力使一切创新资源自由流动，激发企业和全社会的创新积极性，呈现出“4 个 90%”①的鲜明特征，形成了市场导向、企业主导、“产带学研”、自下而上的协同创

① 即 90%的研发人员、研发机构、科研投入、专利产出来自企业。

新机制。放眼全球，随着创新力的飙升，深圳企业在全球的话语权也在不断增强。来自世界知识产权组织发布的最新报告显示，深圳华为技术有限公司 PCT 国际专利申请量超越日本松下公司，成为 2014 年度的最多申请者，中国企业进入全球前 50 名的 6 家企业中有 5 家来自深圳。①

3. 着力高端创新平台载体培育，促进领先核心科技发展

许多国际知名的创新载体，如欧洲核子研究中心、卡文迪许实验室、贝尔实验室等，是科学的摇篮，对科技发展起着十分重要的作用。深圳在过去科技资源“一穷二白”的基础上，非常重视和超常规推进创新载体平台建设，并积极探索更灵活、更有弹性的创新组织方式，专门制订促进科研机构发展的行动计划，培育发展了一批市场导向、研发与产业化一体推进的新型科研机构。如：光启研究院、华大基因、国家超级计算深圳中心、中科院深圳先进技术研究院、大亚湾中微子实验室、清华大学深圳研究生院、北京大学深圳研究生院等。这些机构发展速度快，创新成果多，产业化能力强，呈现出前沿科技引领新兴产业快速发展的态势。光启研究院成立以来，累计申请专利 2 194 件，占超材料领域全球专利申请的 85%以上，成功研发出世界第一款“超材料电磁薄膜”，超材料研发水平处于世界最前端；华大基因测序及基因组分析能力居全球第一。目前，深圳已累计建成国家、省、市级重点实验室、工程实验室、工程中心和企业技术中心等创新载体平台 955 家，其中 2008 年以来的新建数量相当于特区前 28 年建设总量的 3.4 倍。

4. 加快创新服务体系建设，完善创新生态系统

一是加快科技服务机构的建设。截至 2012 年全市共有国家级技术转移示范机构 8 家，市级经登记备案技术转移机构 26 家。2012 年技术交易额达到 148 亿元，居计划单列市首位。二是创新财政科技投入方式，建立专家评审评估决策参考机制，鼓励第三方机构组织实施科技成果评价。三是建立科技与金融金融紧密结合机制。加大金融对创新的支持力度，形成了包括银行、证券、创投、担保和政府创投引导基金等覆盖创新全链条的金融服务体系，成立市促进科技和金融结合试点领导小组，组建了全国第一个科技金融联盟。四是构筑创新人才高地。深入实施引进海外高层次人才的“孔雀计划”，启动高层次人才培养“金鹏计划”，举办国际人才交流大会，集聚海内外各类创新型人才。深圳累计引进“海归”人才接近 5 万人、海外高层次创新团队 45 个。五是营造国际化法治化市场环境，率先在全国出台《加强知识产权保护工作若干规

① 4.05%深圳研发投入强度比肩韩国。

定》。六是营造“敢于冒险、追求成功、崇尚创新、宽容失败”的创新精神，激发全社会的创新思维和创新激情，使创新成为该特区的普遍共识和自觉行动。2012 年举办首届中国创新创业大赛深圳赛区赛事，推动形成“政府奖金+创投引导基金+匹配投资+地方孵化基地支持”的扶持模式，帮助优秀企业快速成长。

5. 小结

总之，深圳是我国创新驱动产业发展最成功的区域，其“四个 90%”是它最有特色和具有话语权的证明。其成功主要归结于更注重市场导向，注重简政放权，注重创新创业主体培育，注重高端创新资源的引入，更重要的是敢试敢闯，在一片空白的基础上建立起开放式创新创业的自由王国。如果说，中关村是创新体制机制和政策的先行先试者，那么深圳则是改革创新体制机制政策执行最彻底的探路人。当前我国经济处于“三期叠加”期，深圳以创新驱动城市升级引领产业成功转型的经验值得认真研习。

（三）江苏创新驱动产业发展之路

江苏区域创新能力五年居全国榜首。在近十年的创新型省份建设发展历程中，有力地推动了全省产业转型升级和新兴产业规模发展，正驱动“江苏制造”大步迈向“江苏创造”发展，成为全国省级层面创新驱动产业发展成功典范，其经验值得借鉴。

1. 实施全省全面创新驱动发展战略

2006—2012 年江苏省着力构建“省、市、县、乡”四位一体全面创新驱动发展的战略，并把乡镇创新驱动发展作为基础和重点。2008 年，建立创新型省份和创新型企业评价指标体系。2010 年，为深入推进国家技术创新工程试点工作，大力发展创新型乡镇，制定并实施了《江苏省创新型城市、创新型乡镇、创新型园区建设评价考核指标体系》；2012 年，省政府《关于进一步加强基层科技工作的意见》提出建设创新型省份，紧紧依靠科技力量推动经济发展方式的转变，基础在基层，重点在基层，活力在基层。并建立厅、市会商制度，这种自上而下又自下而上的全面创新驱动发展战略是江苏最成功的举措之一。

2. 走“产、学、研”协同创新道路，加速成果转化

“产、学、研”结合是实施创新驱动发展的基础，而创新成果的转化是创新驱动产业发展的关键步骤。2009 年，江苏制定并实施了《关于推动产业技

术创新战略联盟构建与发展的实施办法》。着力推动军民融合，与国防科工委系统建立科技合作的互动机制，成功举办了军民两用技术与产业化科技成果展示洽谈会；实施走出战略，加强国际科技合作与交流。与欧、美、日、以、芬、英、韩等世界先进国家和地区建立合作园、基地、技术转移中心、服务平台、孵化平台、联合研究中心等加快了成果转化和创新能力的提升。同时，加强与中科院等的“院地”合作以及本地的“校企”合作。2013 年，全省着力统筹国际国内两种资源，完善“产、学、研”合作体系，积极与以色列、芬兰等建立政府间产业研发合作机制，探索发展与美国麻省理工学院的技术合作联系，大力提升与中科院、清华大学等的战略合作层次，着力打造“‘产、学、研’合作成果展示洽谈会”和“跨国技术转移大会”两大工作品牌。近几年，全省每年发展“产、学、研”合作关系 100 个，新增“校企联盟”1 000 个，实施“产、学、研”合作项目超过 10 000 项。迄今已建立各种联盟超过 10 000 个，与中科院的合作项目产出连续七年居全国第一。

3. 培育创新型企业

创新型企业和新兴产业是区域创新体系中不可或缺的中坚力量，没有创新型企业就无法将优秀的科研成果转化成为与人们息息相关的创新产品。江苏省 2006 年就开始了企业创新能力的有效培育，2010 年，江苏省通过开展高新技术企业和创新型企业认定工作，在全国率先启动培育计划，扶持民营科技企业加快发展，开展“一对一帮扶”，推动形成了 1 048 家创新型企业、3 093 家高新技术企业、25 000 家民营科技企业的产业创新发展“三大梯队”并支持建立企业研究院和产业技术研究院，以此着力加强企业的创新主体地位。2012 年，江苏省设立 5 000 万元省级科技上市企业培育专项资金，对进入上市辅导阶段的科技企业关键研发项目给予专项支持。推进高新技术企业认定，组织对 4 000 多名企业家和技术负责人开展业务培训。再一次休现了强化企业主体地位，增强企业创新能力的决心和力度。

4. 着力新兴产业培育和产业转型升级

“十二五”规划伊始，江苏省继续坚定不移地推进产业技术创新，实现产业规模总量和结构效益同步提升。实施“高技术攀登”计划，加强 100 项关键核心技术攻关。2013 年，率先启动建设“两部一省”科教结合产业创新基地，培育 7 个国家创新型产业集群试点，推动形成“一区一战略产业、一县一主导产业、一镇一特色产业”的发展格局。坚持把产业技术创新作为主攻方向，紧紧围绕产业升级“三大计划”①，着力获取自主知识产权核心技术，整合设立前瞻性研究专项资金，用于引导促进新兴产业的发展。

5. 培育创新型园区，搭建创新平台

江苏省一直非常注重创新型园区的建设和创新平台的搭建，为创新驱动发展高端服务和助推力量。截至 2012 年，江苏拥有省级以上高新区已达 23 家，其中国家级 10 家；全省省级以上大学科技园达 29 家，其中国家级大学科技园 11 家，位居全国省份第一；建有各类科技企业孵化器 431 家，孵化场地面积达到 2 156 万平方米。在新兴产业和高科技企业集中的高新园区、特色产业基地等，建设 230 家以上科技公共服务平台。

6. 营造创新环境

营造公平、透明的政务环境。江苏省在“十一五”伊始的首年制订下发了《江苏省科技厅反商业贿赂实施方案》，开展治理商业贿赂和不正当交易行为自查自纠工作，为江苏省创新科技的发展提供廉洁的制度保障。

（1）强调政策落实。2008 年，江苏省科技厅协调财税部门，重点推动企业研究开发费加计扣除、省级以上科技企业孵化器税收减免等优惠政策的落实，取得明显成效。2010 年又会同税务部门制定了企业研发费用加计扣除操作规程，12 812 家企业享受到科技政策优惠，其中 5 100 多家企业直接减免税收 107 亿元，为企业创新发展提供优越的税收环境。

（2）注重科技金融创新。江苏省积极推进科技和金融的紧密结合，注重科技保险与科技贷款，省科技厅与省财政、金融、银监、证监、保监、人民银行等部门建立经常性工作协调机制，同国家开发银行等 8 家金融机构签署合作协议，2011 年，江苏省成为全国唯一的促进科技和金融结合试点省份。

7. 小结

总之，江苏创新驱动产业发展建设硕果累累，在众多的经验中，最值得一提的主要有以下几点：一是以产业技术创新联盟的协同创新发展之好、之多是全国其他省市不能比的，联盟数量近一万个，省级以上的产业技术创新联盟达 1 000 多个，构建起了国内外、大学科研院所与企业，“央、地”以及城乡等各种创新资源畅通的通道，形成省、市、区、乡“四位一体”全面创新的立体网络体系。二是重视产业技术创新，通过新兴产业和创新型产业集群试点培

---

① 邓华宁，叶超．江苏省出台三大计划描绘产业升级转型“线路图”，“新兴产业倍增、服务业提速、传统产业升级”［EB/OL］．新华社，三大计划 http://www.cnstock.com/index/gdbb/201008/769364.htm 2010-08-14 09:38:11.

育以及高技术转型升级传统产业来促进创新驱动产业发展。三是廉洁的执政之风。四是社会诚信体系的持续建设。前两点是江苏创新驱动发展的直接着力点，后两点则是创新驱动产业的软实力和持续健康发展的法宝。

（四）启示及借鉴

从以上具有代表性的创新驱动产业的创新型园区、城市和省份——中关村、深圳和江苏的建设路径来看，各有侧重，并不完全相同。但以下四点是必不可少的：

1. 体制机制改革或政策创新

无论是中关村、深圳还是江苏都非常重视创新驱动产业的体制机制及政策的创新。创新需要各种要素的快速聚集和整合，我国科技体制机制受条块分割影响，以及创新政策的滞后，制约着创新的发展，四川更加突出。因此各地区要根据自身的实际，着力建立科技创新资源合理流动的体制机制，促进创新资源高效配置和综合集成；建立政府作用与市场机制有机结合的体制机制，让市场充分发挥决定性调节作用；建立科技创新的协同机制，以解决科技资源配置过度行政化、封闭低效、研发和成果转化效率不高等问题；建立科学创新成果利益分配机制政策等，使企业、科技人员的积极性、主动性、创造性充分发挥出来。

2. 着力培育以企业为主体的“产带学研”的多元化创新创业主体群

从上述三地区来看，都非常重视以企业为主的“产、学、研、介、资、用”等联盟的多元化主体的培育。这是因为产业发展规律要求创造性服从实用性决定的，企业比高校和科研机构更贴近市场、更了解客户需求、更关注技术的市场前景，企业才是创新驱动产业最直接最有效的执行者。因此各地区要加强对科技型创新型企业的培育，采取有效措施促进区域内主导产业内企业的分工合作，努力形成大中小企业密切配合，专业化分工与协作完善的产业体系，促进技术扩散和创新能力提升。同时无论是中关村、深圳和江苏也非常重视以企业为主体的“产、学、研、介、资、用”各种战略联盟的培育发展，因为这些联盟有效整合了技术创新链，弥补了自主创新信息传导和价值传导的制度缺失；有效强化了社会化创新投入持续增长的机制。

3. 打造具有自身特色优势的产业集群或创新型产业集群①

从上述三个区域来看，创新驱动产业发展最终都会落实到产业的选择培育发展上，各区域都非常重视发展具有自身特色的产业，形成具有根植性的地方生产体系和产业集群，并致力培育创新型产业集群才是创新驱动产业发展的根本目的。因此各地区要根据本地资源、产业优势和经济实际情况出发，发展特色产业集群，而不是盲目发展高科技产业和战略性新兴产业集群。之所以要着力创新型产业集群的培育，这是因为，创新型产业集群是区域内创新型企业最好的生存基地，是区域内教育科研机构的支持者和需求者，是创新型人才施展才华的大舞台，是区域内研究机构产品的重要市场。发展创新型产业集群可促进区域内研究机构的产业化和市场化，能够很好地将区域内各种创新主体和要素整合起来；发展创新型产业集群可有力地支撑区域创新体系。② 需要指出的是创新型产业集群是一个历史过程，传统产业和高技术产业都存在着创新型产业集群。

4. 营造创新驱动产业的文化（环境）

从三个区域来看，他们都较重视创新环境（文化）的培育。因为创新文化包括观念文化和制度文化。观念文化是影响创新活动的最主要的东西，它表现为人们对创新活动的态度，即创新精神，如：中关村的“敢为天下先”，深圳的“敢闯精神”都是一种内在观念的精神；制度文化是指创新活动时的社会环境，包括物流、人流、资金流、信息流、知识流、渠道、市场以及生活居住环境、政策制度，等等，它是创新活动的外在动力。根据从上述三个区域创新环境来看，创新的环境（文化）= 创新精神（观念文化）+市场+金融资本+人才+创新载体平台，其中，金融资本和人才是核心，市场是前提，创新精神是本源。随着人们生活水平和质量的提高，低碳、健康、绿色越来越受到高端创新人才青睐，成为创新区域重要的外在文化。总之，观念文化为制度文化提供实现的思想基础，制度文化又使观念文化有了社会载体。③

上述四种战略路径缺一不可，否则创新驱动产业发展难以顺利推进。

---

① 以创新型企业和人才为主体，以知识或技术密集型产业和品牌产品为主要内容，以创新组织网络和商业模式等为依托，以有利于创新的制度和文化为环境的产业集群。与模仿型产业集群相比，其创新程度较高；与劳动密集型产业集群相比，它属于知识或技术密集型产业集群；与传统产业集群相比，它属于现代产业集群。

② 创新型产业集群 [EB/OL]. 智库百科，http://wiki.mbalib.com/wiki/.

③ 金吾伦. 创新文化的内涵和作用 [EB/OL] 光明日报，http://www.gmw.cn/01gmrb/2004-03/16/content_5835.htm.

六、四川创新驱动产业发展的总体思路、空间结构及目标

（一）总体思路

新常态下，以中央“四个全面”① 和四川省委“五个新作为”为指导思想，以“双中高”和“双引擎”② 为基本原则，根据四川创新能力的空间分布特征以及创新驱动产业发展的现状，借鉴先进地区经验，以市场为导向，以用户为中心，以创新创业、共建共享、绿色低碳、开放互动、网络化发展的创新2.0为理念，以示范区、科技园区、基地等为依托，以体制机制改革创新为动力，以科技成果转化和扩散为抓手，以增强区域自主创新能力、产业转型升级为根本目标，实施“省、市、县（区）、乡”四位一体的以乡镇为基础和着力点的全域创新驱动产业发展战略体系，着力完善创新治理结构，努力构建高效的协同（创新主体、区域间）创新发展机制，大力培育以企业为主的“产、学、研、介、资、用”多元化的创新创业主体；加快高技术产业和战略性新兴产业发展，以高新技术改造传统产业，大力培育特色产业集群；全力构建综合创新生态体系，到2025年实现四川主导产业整体迈向中高端。

（二）创新成果应用和扩散驱动产业发展的空间结构

根据四川各市（州）区域创新资源分布条件、创新能力空间分布特点（见第五章），按照创新能量流势差，通过技术转让、学习培训、直接投资和贸易、产业转移、开放共享等方式，促进四大功能版块区创新要素能量由高处向低处流动扩散，在空间上形成以成都为创新能量之极核，辐射带动全川其他三大版块，而又不断吸纳其他区域的人流、物流和信息流等，形成互动式、立体网络化的创新成果应用、扩散驱动产业发展的菱形网络互动化空间结构，见图6-3。

1. 知识型区域——区域创新能力第一类区域

该类区域以汇集整合全球创新资源，通过制度、技术以及管理（商业模式）等创新（智造）为主，应用为示范，扩散（转让）为根本，实现对四川

① 四个全面指全面建成小康社会、全面深化改革、全面依法治国、从面从严治党。

② 双引擎是指打造大众创业、万众创新的新引擎；另一个是要扩大公共产品的供给和服务，来改造升级传统的新引擎。

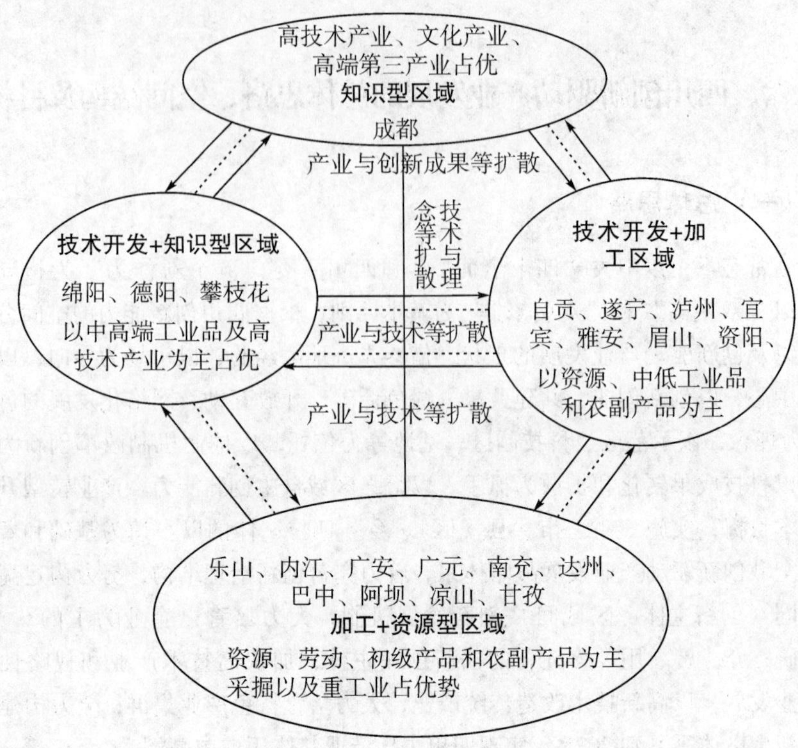

图 6-3　四川创新成果利用和扩散驱动产业发展空间路径

特别是成都平原经济区其他区域的核聚变式辐射带动，积极鼓励成都高新区等采取“托管”、“一区多园”和“园外园”等形式，促进创新成果扩散。同时吸纳和运用绵阳科技城军民融合成功的技术应用以及军民融合制度创新经验，德阳的高端装备制造业的技术利用与知识管理的成功经验，攀枝花资源的开发利用技术经验，共享全省的市场、物流等，进一步增强成都创新的极化势能，打造具有全球影响力的知识型经济区域，引领带动四川创新驱动产业快速发展。

2. 技术开发+知识型区域——区域创新能力第二类区域

该类区域指绵阳、德阳和攀枝花三市。绵、德各自以技术创造和应用为主，而又相互吸引共生，与攀枝花一起通过技术吸纳、培训和产业承接等主动吸纳成都的制度、管理、技术等创新成果，形成四川科技创新成果转化能力强和具有一定知识创造能力的三颗耀眼的明星。绵阳是军民融合技术、制度创新的先行者，同时也是管理（商业）模式和制度的被引导者。德阳是重大装备技术创新及管理的先行者，同时也是制度的被引导者，攀枝花是钒钛资源开发利用的领先者，三者与成都一道形成全省创新成果应用和扩散驱动产业发展的高地。

3. 技术开发+加工区域——区域创新能力第三类区域

该类区域是区域创新能力分类中的第三类，自贡、遂宁、泸州、宜宾、雅安、眉山、资阳，以直接投资、贸易以及技术转让、培训学习和产业承接等方式吸纳成都、绵阳、德阳等知识技术扩散和自身创新成果应用为主，形成成都、德阳、绵阳的知识、技术以及管理创新能量释放的海洋，是四川技术、管理以及制度创新的重点扩散吸纳区并决定着四川创新驱动产业整体发展态势的关键转折区域。要着力推动成、德、绵区域的相关创新成果向此区域扩散，大力增加研发特别是开发的投入强度，促进该区域产业转型升级，尽早迈入创新驱动发展的门槛。

4. 加工+资源型区域——区域创新能力第四类区域

该类区域主要通过直接投资、贸易以及政策的正负面影响和产业的主动布局（承接）等方式，在竞争和示范以及政策的约束和激励的作用下，促进外部创新成果扩散到该区域和本区域企业主动改造提升技术水平。重点加强成都、攀枝花以及绵阳、遂宁等地的成果向此区域扩散，并鼓励与重庆、昆明、陕西等相邻区域之间的科技开发合作（没有外力作用，很难使这些资源型区域产业转型升级），促进产业逐渐转型升级。

（三）创新驱动产业发展的目标

通过区域自身创新能力提升和加快技术创新应用和扩散，力争到2025年，四川省产业的发展理念、产业组织方式取得重大突破，全社会研发投入占GDP达到2.5%以上水平；工业增加值能耗基本降至1吨/万元，跃出中等收入陷阱，主导产业竞争能力整体迈入价值链中高端，服务业占比达到50%以上，战略性新兴产业和高技术产业工业增加值达到30%，科技对经济的贡献率整体达到65%以上（除三州及秦巴地区），产业发展整体进入创新驱动、内生增长的轨道，成功实现产业转型升级，形成2~3个具有世界级支持的创新型产业集群；区域自组织机制形成，整体进入创新驱动发展阶段、实现全面小康。

七、创新驱动产业发展的战略实施路径

所谓路径就是到达某个地方或目标的通路或道路。路径可以是开放的，也可以是闭合的。就像行军打仗一样，我们需要有清晰的战略路径地图，否则“败走麦城”就难以避免。俗话说，条条道路通“罗马”，但是到达“罗马”

的时间长短、所费的人力、物力以及资金却相差甚远，使用的交通工具或载体也各不相同。因此在现实中我们会根据目标有重点、有针对性地选择必要的具有重要决定作用的路径，即战略路径，使其在资源费用上达到最小、效果最佳。显然路径的选择与目标（定位）是紧密相关的。什么样的目标决策决定了选择与之相匹配的路径，以及如何到达目标。为实现上述目标，借鉴先进地区经验，我们认为在未来的5~10年内，四川创新驱动产业发展应着力实施以下6条战略路径，促进四川迈入创新驱动全面发展阶段。

（一）深化科技体制机制改革，增强创新驱动产业发展新动力

四川必须紧跟中央改革步伐，根据自身问题和优势，深化科技体制机制改革，围绕创新驱动产业发展实现的全过程，以促进科技资源高效流动和技术自由扩散为目的，着力简政放权和建立大部门制，优化政策供给。

1. 深化财税体制改革，着力财税引导功能

一是转变财政支持方式。除公共产品供给外，由财政事后直接补贴向通过创新创业价值实现的税费减免等方式的间接激励转变，不仅可以有效地促进产业的自发竞争发展，真正培育体现以消费和市场为导向的创新行为，而且极大地减少企业与政府之间的博弈行为，有效地防止权力寻租。

二是建立财政支持对象负面清单制。要充分发展市场（消费者）决定产业、产品的方向，尽量设立财政支持负面清单制，明确政府不支持的产业、产品和技术，使更多的具有创新、创意的新业态、新产品竞相涌现。

三是优化财政支持范围。要使财政资金进一步向规划、研究以及各种组织、论坛、交易会、平台等促创新资源互联互通的软实力提升倾斜转变，提高对产业联盟、专利联盟等新兴产业组织的支持力度和幅度。

四是进一步下放财权。进一步推动省级财权向市、区级下放，促进四川各市（州）财权与事权对等，为推动市区级科技财政投入创造条件。

五是加快“营改增”进程。加快、扩大“营改增”税收的行业和企业范围，特别是金融和科技型服务行业，由局部行业、企业试点向全面推行转变，着力促进税收的公平性和合理性，降低企业税负，激励企业创新创业。

2. 深化科技投融资体制改革，搭建更多投融资平台

一是改变政府科技公共服务领域投资方式。进一步缩减政府直接投资建设孵化器、加速器以及产业园区基础设施建设等项目，改革政府公共服务直接投资向公共服务购买转变，提高购买公共服务产品的范围和力度，促进公共创新资源市场化运作。

二是探索建立创新投资负面清单制。探索建立创新投资负面清单制，充分发挥市场在资源配置中的决定性作用，进一步开放社会投资领域，使更多的社会资本参加到科技创新基础设施和公共服务平台建设上来，激发创新创业活力。鼓励民间资本发展设立主要投资于公共服务、生态环保、基础设施等领域的产业投资基金或集合资金以及信托计划。

三是打破贷款责任终身制，建起真正的科技银行。改变直接在现有商业银行下设科技贷款专柜模式，探索建立由省、市、区财政以及投资银行和大企业参与的共同出资构建的科技专营机构，在科技型银行或专营机构，取消贷款责任终身制，采取贷款损失最低标准值，贷款主要投资于以技术为主的初创企业，真正构建起具有硅谷银行性质的银行机构，切实为科技型中小企业服务。

四是创新金融产品，大力培育互联网金融。要加强社会金融资本的引导和扶持，大力培育和规范互联网信贷，不断创新金融产品，积极发展众筹模式、P2P、P2B 等互联网贷款金融产品，完善产业链金融，形成全产业链的金融产品，加强互联网金融贷款主体的监督和管理，着力解决小微企业融资难问题。

3. 深化军民融合管理体制改革，建立公开、透明的军民两用技术双向转化清单制

在完善绵阳军民融合的“三大机制”基础上，强化对现有比照中关村政策试点政策的落实，着重构建军民技术双向转化清单制。充分利用绵阳科技城军民融合国家级示范区的牌子，向中央申请由国防科工部、科技部和国家知识产权局等以绵阳科技城为起点，厘清或明确可转移的技术、专利的种类、范围以及程度，着力构建军转民技术转移正面清单或负面清单，为军民两用技术流转提供政策法律支持。

4. 建立和完善先行先试创新成果推广扩散体制机制

要加快成都高新区、天府新区以及绵阳科技城等在体制机制改革创新的成果在全省的推广和扩散，以及中关村等地区先行先试政策在全国范围推广的落地，着力加快体制机制改革的红利覆盖在全省范围。

一是着力建立起较高级别的领导组织机构。成立创新成果扩大领导小组，由省政府主要领导担任组长，以成都高新区、天府新区直管区、绵阳科技城等先行先试区域为主体，市级相关部门、涉及的区（市）县政府为成员单位。发挥领导小组统筹协调作用，组织开展统筹规划管理，及时研究解决示范区建设重大问题，协同推进示范区建设及成果扩散有关重大事项、重大项目。

二是构建联动发展机制，创新开发建设和管理模式。依托成都高新区创新资源优势、产业高端优势，以成都“科创通”“盈创动力”以及绵阳科技城为重

点，打造区域创新创业服务平台，促进资源开放共享、协同联动。构建成都高新区与各市（州）专业园区联动发展机制，先行试点区域指导各专业园区建设发展，通过品牌输出、技术转移、项目申报、企业扩散、联合招商以及搭建人才、资本、模式共享平台等途径，切实增强对全省各市专业园区的辐射带动能力。

三是强化先行先试政策，激发全省自主创新创业活力。进一步深化科技人员创新创业成果转化科技体制改革，重点推进职务发明人科技成果“三权”改革，进一步明确国有企业高级管理人员和技术人员股权激励及分红标准，改革创新创业人才评价标准，出台中关村先行先试6大政策的落实措施，营造有利于创新创业的政策大环境，激发各类主体创新创业活力，推动形成大众创业、万众创新新局面。

四是构建区域产业转移（创新成果扩散）的利益机制。学习借鉴京津冀的产业创新成果扩散利益机制，考虑四川实际，中央与地方增值税 3∶1 的关系，地方收入分成不大，可先在“营业税和企业所得税”两种税种实施创新成果迁入地和迁出地实行五五分成税收分享。税收分享的上限为企业迁移前三年在迁出地缴纳的“三税”总和，达到上限后，迁出地区不再分享。迁出企业在迁入地完成工商和税务登记变更并达产后三年内缴纳的“三税”，由迁入地区和迁出地区按 5∶5 比例分享。以成都特别是成都高新区自主创新示范区为重点，在天府新区与绵阳科技城之间，先行先试创新成果扩散的利益机制。

5. 构建万众创新大众创业的人才发展评价机制

着力转变高学力人才发展评价机制，构建以创新、创业目标实现能力和实现程度的人才评价机制，真正使有创新能力、创业热情的人才得到充分展示和社会认可，形成万众创新、大众创业的人才发展评价机制。

（二）打造多类型、特色化的创新驱动产业发展示范区，推动四川创新驱动产业全域发展

实施“省市县（区）乡”四位一体创新驱动战略体系，按照典型示范、分类突破、同步推进的原则，推动市（区、乡）立足自身禀赋加快创新驱动产业发展，着力品牌建设。到 2025 年，力争打造国内领先、具有国际竞争力和区域特色的多类型、多层次的创新型经济发展模式，形成科技引领、转化推动、多功能支撑的四川创新驱动产业发展的新格局。

1. 着力打造全域成都知识型产业发展引领示范区

一是重构创新驱动产业极核空间。汇集全球资源，强化成都在四川的“中心”发展地位，抓好天府国家新区、成都高新区国家自主创新示范区两块

牌子以及"一带一路"关键节点的优势，以成都天府新区整体为创新驱动产业的极核新引擎，重点加快天府新区的研发功能区以及中心城区的金牛区中铁轨道交通高科技产业园、成华区环电子科大知识经济圈、锦江区文化与科技融合创意产业园等的建设和发展，重构创新驱动产业极核，形成天府新区和中心城区"南北呼应，双核共兴"的全域城市创新驱动产业发展格局，形成万众创新大众创业的新局面。

二是提升区域创新能级，构建知识经济高地。强化"双核"科技创新与制度创新、管理创新（商业模式创新）的同步推进，积极承接和实施核心电子器件、基础软件产品、极大规模集成电路制造装备及成套工艺、新一代宽带无线移动通信网、重大新药创制、大型飞机等国家科技重大专项和国家科技战略任务，在生物医药、高端装备以及新材料等领域突破一批具有基础性、先导性的核心关键技术，获得一批自主知识产权，在更多创新领域由"跟跑"转向"抢跑"和"领跑"。实施"校、院、地"协同创新工程，多模式、多策略促进"校、院、地"协同创新发展，着力推动科研成果转化和产业化；加快新川科技园以及天府新区研发功能区等高端知识型产业园区发展，将世界级企业、研发机构与国际化科技新城联动，同时配以成都西部内陆自贸区的打造，着力把成都打造为具有国际影响力的知识经济新高地。

三是推动区域产业转型升级发展。进一步加强全域成都创新驱动产业转型升级发展，重点加强对新都、青北江等老工业基地产业的转型升级发展，通过关停并转，技术改造以及加强总部经济、金融、互联网+、电子商务、信息安全、科技服务业等高端服务业发展，强化高端服务业改造提升传统制造业，积极引入相关配套企业，实现各个产业之间的关联与互动，培育产业集群，促进全域成都低端工业向中高端转型升级。

到 2025 年，力争把成都市打造成为具有国际影响力的科技研发和成果转化中心、品牌营销中心、新兴产业集聚中心、现代服务中心，成为四川创新驱动产业的引领示范区，辐射带动全川整体创新驱动产业发展。

2. 打造绵、德、攀创新驱动产业转型升级先行区

一是打造军民融合全国科技创新驱动产业发展第一城。以深化军民融合体制机制改革为突破口，大胆开展国家层面军民融合深度发展的先行先试，激活军转民、民入军的潜力；以建设绵阳科技城集中发展区为重点，以建设重大科技创新基地为抓手，加强军民两用技术双向转化，引进一批国家重大军民融合项目，大力培育"4+3"高端成长型产业，深入落实比照中关村政策，着力促进军地、院地深入协同发展，加快科技城创新孵化中心载体平台的建设，用好

用活国家、省级等层面的创新平台，全方位提升科技城创新能力，促进军民融合产业提质增效，着力把绵阳科技城打造成军民融合创新驱动产业全国的样板区，真正成为全国军民融合科技第一城。

二是打造具有全国影响力高端装备制造业转型升级示范引领区。以区域协同创新为突破口，汇聚和利用全球资源，充分利用国家重大技术装备制造业基地和“三大”研究院优势，以高端装备制造业为重点，深化院地合作，完善产业技术联盟和专利联盟运行机制；加快创新创业载体平台建设，重点推进广汉创建国家高新区；积极推进战略性新兴产业“5+2”① 工程发展；加快关键技术、共性技术的科技攻关和成果转化，推动科技与制造产业的深度融合，着力把德阳打造成为西部甚至全国创新驱动高端装备制造业转型升级的示范引领区，促进创新驱动产业发展。

三是打造全国战略性资源综合利用创新开发示范区。依托攀西国家级唯一战略资源创新开发试验区（见图 6-4），着力突破产业政策约束，创新开发，先行先试，将钒钛资源与钢铁限制性资源区别开来；改变国有企业垄断国有资源开发的格局，要充分发挥市场配置资源的决定性作用，积极引入民营企业、中小企业进入试验区，实现开发主体多元化、竞争化和市场化。鼓励在川大学、科研院所相关机构以及全球具有影响力的企业、研发机构入驻；充分发挥四川钒钛产业技术研究院和钒钛资源综合利用国家重点实验室两大创新平台，继续实施全球重大项目招商，着力破解钒钛等资源开发的技术瓶颈问题；加快建立国家级产业技术创新联盟和专家团队以及跨国性专利联盟，着力推动资源产业的组织构建和创新。加快推动技术创新成果产业化及扩散；同时要加快建立攀西战略资源创新开发试验区条例，强化生态环境保护和资源开发利用和污染治理，着力整顿规范矿产开发秩序、以法律法规的形式加强对企业开发环境保护和开发利用能力的规定。要坚持宁愿不开发，也不能乱开发、粗发展，通过创新开发、生态开发、深度开发，着力把攀西战略性资源创新开发试验区打造成全国资源综合利用示范区，带动攀、凉、雅等区域资源开发利用水平整体提高，由资源性产业区域向资源精深加工的创新型产业区域转变。

3. 促进全省创新驱动产业提质增效竞相发展

着力产业转型升级和经济提质增效，鼓励创新能级底部的市（区）立足自身禀赋，提升技术产品开发、设计应用能力，主动承接成、德、绵、攀先进

① “5”是指新能源、新材料、高端装备制造、节能环保、生物五大产业；“2”是指新一代信息技术产业和新能源汽车产业。

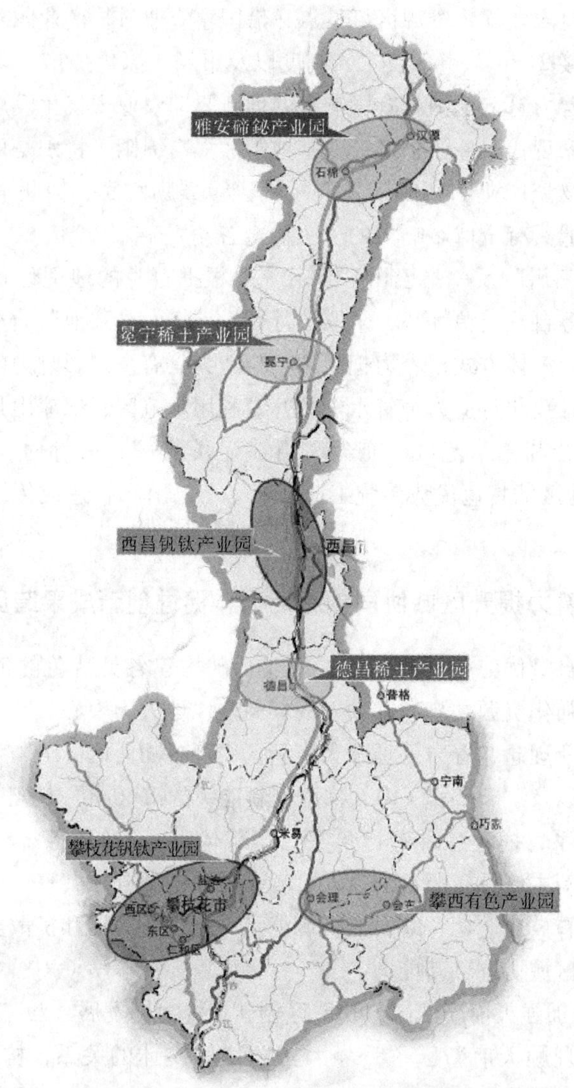

图 6-4　攀西战略资源创新开发试验区

地区特别是成、德、绵的技术、制度以及管理和营销理念，积极塑造自身竞争优势，加快形成“战略功能区+特色产业园区+产业基地”的多元化、多层次创新驱动产业转型升级的新格局。

鼓励资阳、眉山工业基础相对较好的两区域，依托天府新区大平台优势，探索建立创新驱动工业制造产业转型升级提质增效试验区。鼓励自贡依托国家级高新区，着力推动能源及装备创新驱动发展转型升级示范区。鼓励雅安、乐山等依托自身农业优势资源区域特点，借国家农业科技产业园基地等条件和平台，主动承接21市（州）技术、制度以及市场，深化“产、学、研”跨区域协同创新，着力打造全国具有影响力的创新驱动农业现代化发展示范区。鼓励遂宁利用国家现代服务业物流产业基地，加强与绵阳等特别是乐山的合作，着力打造全省物流产业创新驱动发展示范区。鼓励宜宾、泸州等，依托自身优势，着力打造具有全球影响力的“白酒金三角”。

鼓励“三州”及“秦巴山”地区充分根据自身的地理位置、矿产以及旅游、水资源等自然资源优势，采取“厅州”合作，“院地”合作、“校企”合作等共建平台载体方式，着力把阿坝州打造为具有全国影响力的旅游产业创新示范区；把甘孜州打造为全省水资源开发利用示范区；把凉山州打造成为全国稀土资源综合利用示范区。充分利用“互联网+”，有针对、有重点地选择“秦巴山”地区的特色优势传统工业，把“秦巴山”打造成传统工业转型升级特色区。

（三）着力提升区域协同创新能力，促进创新成果跨区域扩散

在立足自身优势、资源禀赋、产业基础构建各具特色的创新型经济的同时，进一步强化资源共享和联动发展。树立以他人为中心、共享、责任、共发展的协同创新理念，着力处理好天府新区内部各功能区、绵阳科技城军民融合发展示范区以及“1+3+7+10”梯度创新能级的市（州）相互间及内部的区域协同发展关系，搭建各种跨区域平台、载体以及组织，整合21市（区）资源，通过创新主体及资源自由流动，各种科研资源开放共享、共建共享、空间整合，充分释放成、德、绵科研资源能量，最大化利用和扩散至其他区域，着力提升全省区域协同创新能力。

1. 着力加强天府新区内部功能区创新资源协同发展

要着力理顺天府新区“一城六区”之间主体的关系，构建由省长牵头，省、市、区科技部门、知识产权局、金融办以及发改委、建设厅等多部门参与的跨市区（县）的平等协商机构，着力建立主体间的利益、责任协调机制，鼓励区域间创新主体及资源的自由流动；进一步厘清并整合各功能区间的创新孵化载体平台，建立区域内公共服务平台开放共享机制，极大地促进区域间公共服务平台的高效利用和有效配置；着力建立主导产业产品链完整的统一技术标准，加强标准的执行，提高区域产业产品层级，努力把天府新区建设成为全省创新驱动产业及产业技术扩散成功示范引领区域。

2. 大力推动绵阳科技城军民融合协同创新发展

统筹科技城发展空间布局，构建“一核、三区、多园”的协调发展、错位竞争格局；理顺科技城各建设主体关系，形成科技城管委会直管一核、统筹“三”区、指导“多园”的管理服务架构；充分利用好部、省协调机构，加强军民融合产业园区建设，引导更多的像中国物理工程研究院的科研机构对外开放科研平台，由地方建设军民融合示范区到军地共建，着力推动军转民、民入军协同创新发展，构建军民技术双向转化示范区。

3. 积极推进各市州协同创新发展

一是建立区域协同创新网络中心。依托成都西博会平台，在天府新区即将开启的西部国际博览中心建省级区域协同创新中心总部。同时鼓励各市区建立局部区域协同创新分中心，如“成、德、绵”协同创新分中心、“德、绵”以及雅安、攀西等地区建立各自需求的协同发展分中心。积极争取国家“2011”计划，鼓励成都平原区建立具有国家支持的区域协同发展中心。

二是构建协同创新工作机制。由科技厅牵头，省政府科技与知识产权部门相关负责人共同负责，天府新区直管区负责日常工作。知识产权局、经信委、财政、交通、城建等部门协同参与，省、市、区联动，形成纵横交错的信息网络畅通的工作机制。建立全川市（州）区参与的联席会议制度，定期向各市（州）区通报全川经济、社会、科技发展情况，定期发布重大科技攻关、技术需求以及新型产业组织、商业模式等动态发展信息。建立重大事项（项目）协调制度，采取“一市（区）一策”方式，协调解决各市区所在科技创新、成果转化及资源配置等重大问题。

三是搭建区域协同创新信息共享平台。以高端人才、重点产品以及核心专利、成功模式以及急需技术合作或成果转化部分项目、急需合作建设的科技创新服务平台等为主要内容着力建立全川创新资源信息共享平台，平台建设由各市（区）相关部门指定人负责，中心总部监督，信息每月更新，实行年终考评机制，并建立奖惩机制。完善区域科技公共平台开放共享运行机制和管理模式，进一步推动成、绵等高校院所、军工单位、转制院所大型科研仪器、科技文献、科学数据等面向全川开放共享。

四是建立交通、市场、物流以及产业一体化的标准体系。要从整体上、历史等方面考量，综合比较，突出区域特色优势，构建起全川在交通、市场、物流以及产业等方面的协调发展，形成规划共制、标准统一（行业标准、市场准入标准）、设施自建、基金支持的格局，促进交通、物流在空间上有效整合，市场在空间上平等共享，产业在空间的合理布局，推动形成“一区一战略产业、一县一主导产业、一镇一特色产业”的发展格局，整体提高区域间的协同发展能力。

五是培育协同创新主体。充分发挥各市（州）在技术成果、产品、人才以及市场需求等方面的不同优势，进一步完善西博会、科博会的服务质量和服务水平，推动各市（州）大学、科研院所以及企业之间在科技项目、人才、资金、知识、技术的跨区域深度融合。通过构建专利池、产业技术联盟、开展技术联合攻关、成果转化、人才流动以及各种交流会、学术研论和沙龙等，着力培育区域创新协同主体，促进区域彼此间互动共荣发展。

六是建设协同创新载体。加强区域间共建园区、基地、孵化器以及共建公共服务平台等，根据各区域产业重点和技术缺失链，重点加强联合建设一批高水平的、资源共享的基础科学和前沿技术研究基地或工业技术研究院。鼓励成都高新区等采取托管、一区多园和园外园等促进创新成果扩散。积极鼓励成、德、绵 21 市（州）在各区域外独立发展飞地园区、设立飞地研发中心以及建分支机构等，更好地承接和学习创新高能级区域的技术、经验和管理，形成“你中有我，我中有你”，真正实现全川创新驱动产业一体化互动融合发展新格局。

（四）大力培育以企业为主体的多元化创新创业主体群，营造万众创新大众创业不竭的生力军

扩大创新创业主体规模、提升企业创新主体地位、提高创新主体质量，到 2020 年，规模以上工业企业研发投入占主营业销售收入的 1.0%，企业有效发明专利占全省总量的 60%以上。创新创业企业纷纷涌现，科技型中小企业成为主导，具有国际竞争力领军型企业 5~10 家，形成以本土化企业主导的复合型、多样化的创新主体群，着力提升企业技术创新及开发应用能力，促进创新驱动产业发展。

1. 实施创业创新培育工程，壮大创新驱动产业发展主体规模

进一步深化商事制度改革，积极吸引海内外高端人才、大学（科研机构）科研人员（教授）以及毕业生（正规创新）与社会居民或大众（草根创新）等来川共同创新创业，积极推动成都“创业天府”行动计划在全省的实施和推广，培育大学校区、主城（乡镇）社区以及科技（产业）园区“三区”互动发展的创新创业环境，形成万众创新、大众创业的局面，着力培育众创小微企业。鼓励国家重大科技成果入区产业化形成科技企业；支持企业进行技术改造提升转型为科技型中小企业；积极吸引国内外科技含量高、成长性好的科技

企业落户；积极吸引跨国公司及分支机构入驻，降低科技型中小企业准入门槛，壮大创新驱动产业发展的主体规模，增强创新创业活力，打造创新创业科技型中小微企业聚集高地。

2. 实施企业创新主体地位提升工程，提高企业自主创新能力

倡导企业构建技术、营销、管理三位一体的混合创新模式，努力突破体制机制障碍，加强国家、省、市研发及产业化相关政策及项目执行和落实，营造良好的知识产权法制环境，着力发展政府主导的天使投资基金，抓好“产、学、研”结合，促进创新要素向企业聚集，激励企业增强研发投入，加快技术改造，积极主动引进消化吸收创新和集成创新，推动企业从一般产品应用生产向产品研发、技术开发、工艺设计以及商业化模式创新转型发展；鼓励企业与大学、科研机构建研发机构、企业院士工作站、博士后工作站、工程和技术中心；鼓励企业构建和加入产业技术创新联盟以及专利联盟等各种战略联盟；鼓励企业采取知识产权转让、许可、质押等实现其市场价值方式，提高企业知识创造、运用、管理和保护能力，着力增强企业自主创新的主动性、积极性和可能性，使企业真正成为创新驱动的主体。

3. 实施创新主体质量提高工程，培育领军型企业

依托成都高新区、龙泉经开区、绵阳科技城、乐山高新区、德阳广汉经开区等创新型试点园区优势，积极培育创新型试点、示范企业；鼓励企业上市（进入新三板）、并购、控股以及嫁接等方式做大做强；鼓励企业走出去，实施全球化战略，在海外设立分公司、研发机构、布局营销渠道，获取全球资源和市场，提升国际竞争力；鼓励企业制定或参与国际、国家和行业标准制定及修订，加快推进科技成果转化应用，打造一批有影响力的知名品牌和著名商标，着力提升自身的控制力和影响力；改变园区跨国企业培育理念，既要重视跨国企业的引进，更要深耕已落户跨国企业，促进跨国企业本土化发展，重点加强成都跨国公司的本土化培育，以英特尔模式为蓝本，实施跨国公司本土化培育工程。采取“一企一策”的方式重点支持，力争到2020年，四川省主导产业或业态中形成5~10家具有国际竞争力的大型本土化科技型企业集团。

（五）多路径促进产业转型升级，着力培育具有世界影响力的创新型产业集群

1. 大力发展高新技术产业和战略性新兴产业

实施战略性新兴产业集群创新引领工程，以培育发展创新产品为核心，围绕四川特别是成、德、绵等具有优势的信息技术、先进装备制造、生物技术、

航空航天、核技术等领域及相关发展重点方向，整合优势资源，培育一批重大关键产品、重点产品、区域特色产品。研究制定产业技术路线图，开展联合攻关，突破技术瓶颈，打通技术链，完善产业链，以技术突破抢占发展制高点，加快四川高端产业向自主研发跨越、向产业链两端延伸、向价值链高端提升的步伐。做大做强现有国家高新区，加快省级高新区提档升级建设，推动特色园区以及产业化基地建设进一步发展，促进四川省在新一代信息技术、生物医药以及新材料等高新技术产业和战略性新兴产业领域的主导产业迈入全球产业链的高端。到 2025 年，四川高技术产业和战略性新兴产业增加值占比达到 30%以上，成为引领和带动四川产业升级的重要支撑力量。

2. 积极发展现代服务业

坚持政府引导、市场驱动、技术推动，特别是在当前大数据、移动互联网以及云计算的发展趋势下，重点发展电子商务、现代物流、现代金融、科技服务、健康服务五大新兴先导型高端服务业。制定产业发展规划、研究完善支持措施，着力实施“服务业提速计划”，推动服务业发展实现“三个高于”：服务业投资增长高于全社会固定资产投资增长，服务业增速高于 GDP 增速，服务业增加值占 GDP 比重提升每年高于 1.5 个百分点，力争 10 年提高 15 个百分点，到 2025 年新兴先导服务业占 GDP 的比重大幅提升，服务业占比达到 55%以上，产业结构不断优化。

一是改造提升传统生产性服务业。推动信息技术创新与服务模式创新的融合，利用推广数据处理、数字医疗和个性化智能精准信息等技术，着力促进现代金融、现代物流以及健康服务业高端化、个性化发展。

二是着力发展高技术服务业。加快成都国家高技术服务产业基地建设，推动国家三网融合试点城市建设。扶持和培育战略咨询、成果转化、节能服务等技术创新型服务企业，大力发展科技服务业。鼓励新技术应用和新模式创新，重点打造移动互联应用、生物技术、研发设计和检验检测、知识产权和科技成果转化等服务链。

三是积极发展服务贸易产业。大力推动信息和软件外包服务发展。支持法律咨询、会计审计、资产评估、工程咨询、认证认可、信用评估、广告会展、金融保险服务、教育服务发展。

3. 大力发展绿色智能个性化制造业

大力发展柔性制造、绿色制造、网络制造、智能制造、全球制造等制造业新模式。个性化制造与规模化协同创新的有机结合，将成为新时期重要的生产方式，个性化制造不受产业链的影响，它更是现有技术的任意集成、组合和创新。成、德、绵特别是成都和绵阳要加强移动互联网、云计算、大数据、物联网、3D 打印、知识服务、智能服务的研发应用，为全省个性化制造和服务创新提供有力的工具和环境，不断提高制造业的附加值，改变四川大规模制造业低附加值的特征，由制造向创造转变，着力提升产业层位和优化产业结构。

4. 改造提升传统产业

着力实施产业振兴、工业技术改造和生态环境保护工程，鼓励各市（州）根据自身产业优势基础，依托高科技园区以及经济技术开发区、特色产业园区以及基地等广泛运用信息技术、生物技术、物联网技术、互联网技术等，推动传统产业向数字化、自动化、机械化、精细化、低碳化、清洁化的方向发展，着力推动饮料食品、油气化工、汽车制造、能源电力、装备制造等低端传统产业向中高端转型升级发展；提升纺织、冶金、轻工、建材的装备和工艺水平，提升企业新产品开发和品牌创造能力。以各市（州）国家、省级农业科技园区、基地等为重点，以推动农业技术集成化、劳动过程机械化、生产经营信息化、网络化、农产品良种化和农产品品质安全化为转型主攻方向，加快新技术、新产品、新装备研发与应用，助推四川省各市（州）农业转型升级。

5. 大力发展科技惠民服务民生产业

实施科技惠民计划，完善科技惠民促进机制，重点在人口健康、生态环境、公共安全、城乡发展等领域开展技术集成应用和创新试点示范。推动文化和科技深度融合，加大关键技术攻关和技术集成应用示范，大力培育新兴文化业态，推动传统文化优化升级。深化科普基地建设，推动科普资源开放共享，进一步促进科技与经济生活的结合，促进技术的扩散，开拓创新驱动产业发展新的市场空间。

6. 培育具有世界级影响力的创新型产业集群

按照专业化、特色化、集群化的思路，构建和完善孵化器、加速器、大学科学园和产业化示范基地等载体，大力发展高新技术产业和特色产业集群，打破产业链梯级发展模式，紧抓战略性新兴产业全球技术的同步性，重点在新一代信息、高端装备制造业以及生物医药等领域选择具有世界领先技术的产业（业态），依托龙头企业，以专利（知识产权）或专利联盟为抓手，抢先布局全球技术市场，辐射带动全省相关产业发展，形成园区+龙头企业（核心产业）+配套产业（中小企业）的跨区域产业链生态体系。着力提升创新对产业的驱动力，力争到 2025 年培育出 2～3 个具有世界级支持性的创新型产业集群，引领带动四川产业高端走出去，形成具有国际竞争力的产业集群，整体提升创新驱动产业的能力。

（1）发展三大创新型产业集群。根据四川主导产业的优势，以成德绵为创新产业集群核心功能区，着力培育三大创新型产业集群。一是着力培育以移动互联网为纽带的新一代信息技术创新型产业集群。以成都、绵阳为核心，以辐射带动德阳、乐山、遂宁等地电子信息产业及配套产品发展，加快天府新区、新川科技园以及绵阳科技城建设，加快对电子制造业跨国公司的本土化培育，着力培育以移动互联网为纽带的具有世界级支撑的电子信息产业创新型产业集群。二是大力发展高端装备制造业创新型产业集群。以成都、德阳为核心区域，辐射带动绵阳、资阳、眉山等地，着力打造集“研究、生产、试验和服务”一体的航空与燃机产业集群和智能制造产业集群。三是积极发展生物医药创新型产业集群。以成都为核心区域，辐射带动德阳、雅安以及全省其他区域的生物医药产业发展，加强对成都高新区、双流西南航空港工业园区、基地载体的打造，依托地奥、科伦药业等龙头企业，重点发展现代中药、创新药物、生物医学工程、生物医药服务等生物医药产业，形成生物医学研发、制造到产业化的纵横向水平发展的立体网络化的具有国际影响力的生物医药创新型产业集群。

（2）加强对创新型产业集群核心区高端园区国际化管理创新。重点加强对成都高新区、新川科技园、轨道交通产业园、青羊工业集中发展区、成都经济技术开发区、德阳经济技术开发区、广汉经开区、绵阳科技城、攀西战略性资源创新开发区等创新型园（区域）建设，大力引进符合聚集区产业要求、具有相当规模的国内企业和研发机构，使更多的优质内资企业与国际跨国公司的先进科技、管理资源零距离对接，实现学习、消化、吸收再创新；积极借鉴内外资企业成功合资、合作的经验，展开内外资企业共同创新合作行动。大力促进内资企业与外资嫁接、并购，加快内资企业与世界先进科技资源展开多形式、多领域的合作，鼓励区内构建纵向一体化的产业技术创新联盟和专利联盟，通过专利申请和购买等方式抢先布局国内外技术专利市场，为培育世界级影响力的创新型产业集群提前布阵。

（3）着力推动创新型产业集群核心区内生机制形成。推动创新产业集群核心区企业与支持性机构联姻，着力建立企业科学发展俱乐部、企业人才培训联盟组织、企业家协会、主题创新研讨会；建立企业与大学、研究机构的定向交流机制，推进形成创新型产业集群高端园区内部及产业集群链各节点创新驱动的内在动力机制，提升创新型产业集群的自组织能力，促进创新集群核心区发展，为培育有世界级影响力的创新型产业集群奠定基础。

（六）积极培育创新驱动产业发展的生态系统，营造良好的创新环境

1. 培育全链条、多模式创新创业孵化生态新体系

一是培育全产业链的创新创业载体，提高创新孵化能级。鼓励有条件的市（州）着力构建“创业苗圃+孵化器+加速器+产业园+专业楼宇”的全产业链的创新创业载体，鼓励社会资本参与科技创业服务中心或科技企业孵化器和企业“加速器”建设和运营，提高创业孵化服务能力。二是着力打造大孵化市场。以天府新区为重点，根据产业缺失环节，建设孵化器、加速器、专业园区等科技创新创业载体，加快天府新区直管区（研发功能区）的专业孵化器基础设施建设，着力推进高端人才、研发机构、金融和科技中介服务机构等高端创新要素资源在研发功能区集聚，努力将其建设成天府新区大孵化器市场的核心区；鼓励大型企业建立新型科研机构以及“产、学、研、用”相结合的特色研究院；积极吸引国内外大型企业和科研机构到区内建研发中心，着力把天府新区培育成国家级大孵化器市场，成为全川乃至全球创新孵化企业的重要战场。三是培育“众创空间”孵化载体平台。鼓励大学校区、城市社区以及科技园区，利用网络化功能，在创客空间、创新工厂、创业场等孵化模式的基础上，大力发展市场化、专业化、集成化、网络化的“众创空间”，实现创新与创业、线上与线下、孵化与投资相结合，为小微创新企业成长和个人创业提供低成本、便利化、全要素的开放式综合服务平台，真正实现大众创业，万众创新。

2. 建设完善专业化公共服务平台

一是建立开放的公共服务平台，促进科技资源共享。以四川省公共服务平台以及各市（州）公共服务平台为基础，继续鼓励和支持高等学校和科研院所向社会开放实验室、科研设备，进一步推动科技创新资源的共建共享。集全省省级以上工程中心的实验室，实施开放实验室（工程中心、检测中心）工程，在有条件的区域，探索建设面向四川乃至全国企业开展联合研发、委托研发、设计、中试、检测等服务的开放式研究机构和协同创新中心。二是建设完善专业技术服务平台。根据四川“7+3”优势产业以及先导产业，以天府新区和绵阳科技城、德阳为重点，围绕生物医药、IC设计、软件测试、动漫设计、通信、数字视听、新型材料、智能装备制造、资源环境等领域，建设和完善专业技术服务平台。构建从省到市（区）到乡镇的全覆盖的科技创新服务点，构建包括政策查询、技术支撑、人才培训、投融资信息对接、管理信息化、市场和产品营销服务等在内的一站式园区（社区）创业与技术创新服务体系，带动从农村到城市、传统农业向现代农业，从制造业向智造业转型升级发展，

为实现省、市（区）、县、乡“四位一体”创新驱动产业发展战略空间架构体系创造条件。

3. 完善科技服务体系

一是发展专业化服务机构。积极鼓励各市（州）产业园区加强信用、法律（上市辅导）、知识产权交易、管理和信息咨询、投资咨询、工程咨询、人才服务、资产评估、审计等各类专业服务机构建设，着力构建全方位、多层次的科技创新服务体系，为创新主体和创新人才提供市场化、专业化的“一站式”科技创新服务，建立健全专业服务标准体系。建立专业服务组织诚信档案和监管部门间信息互联互通制度。加大职业培训力度，提升从业人员的职业素质和技能水平。二是建立市场导向的技术转移机构。积极推进科研项目立项评审和人员考评制度改革，引导高等学校和科研院所围绕经济社会发展重大科技问题和战略性新兴产业亟须解决的问题开展创新活动。加强成都、德阳、绵阳等技术转移平台建设和完善，探索建立适应公共技术扩散和市场技术转移的多种模式的技术转移机构，鼓励探索在重点大学内建设一批知识产权转移转化中心。鼓励高等学校、科研院所与大型企业自主联合开展研发和成果转化活动。三是培育创新型社会组织。鼓励社会组织发展，支持社会组织的人才队伍建设，推进各类行业协会、专业学会、非公募基金会以及自然科学类民办非企业单位等社会组织管理体制改革。发挥社会组织的桥梁纽带作用，探索构建企业、社会组织、政府良性互动机制，完善政府购买服务制度，进一步提升社会组织为企业提供优质服务的能力。

4. 积极推动创新驱动产业的载体建设

要加强对各市（州）的高新技术开发区、经济技术开发区、产业化基地以及重大科技创新基地建设，着力提升园区的创新能力；加快经济技术开发区向高新技术产业园区转型升级，加快一般园区向特色园区、国家级园区升级发展，着力培育创新驱动产业的载体，力争到2025年，四川国家级高新区达到10家以上。

5. 营造万众创新大众创业的环境

充分传承和挖掘“天府之国”的文明及法礼精神，着力发扬“兼容并包、海纳百川”的包容精神，积极学习深圳及中关村等敢为天下先、当仁不让的“敢为”精神；深化“天府”品牌内涵，加强专业园区、产业集群和企业品牌建设，建立区域品牌架构；精心组织重大品牌策划活动，积极开展境内外宣传和推广，提高“天府”品牌的知名度和影响力。健全创业辅导指导制度，从学校教育开始，举办创业训练营、创业创新大赛等活动，培育创客文化，让创新创业成为最受尊崇的职业和最具挑战意义的事业，从根本上形成创新创业的就业观和价值观，为营造万众创新大众创业提供持续不断的源泉和根本的保障。

6. 优化科技开放合作环境

加快成都国际技术转移中心、四川西部国际技术转移中心、国际科技合作信息网络等的建设；依托天府新区、绵阳科技城等在内的重点园区，整合和集成技术、人才、产业渠道等方面的资源，建设一批高水平的、开放式的国际合作研究中心、国际科技合用示范基地，积极引进跨国公司研发中心、国际知名研发机构，加快国际技术转移、合作成果应用和市场化进程。积极参与“一带一路”经济建设，拓展与中亚、东南亚、欧洲等地区的经贸科技合作，通过搭建重大活动平台和争取各种世界级的论坛、赛事等（财富论坛、世界知识论坛等），开展技术、知识、贸易等零距离交流、对接，为企业、高校和科研机构开展国际科技合作牵线搭桥。深化四川科技合作模式，组建区域产业技术合作联盟、专利联盟、区域工业研究院等，推动创新资源共享、平台共建、标准共制、基金共设，推进经济区科技产业一体化发展。充分利用华商大会、西博会以及科博会积极统筹双边、多边、区域次区域开放合作，推动与重庆、西安以及昆明、贵州等周边区域互联互通，努力打造高水平全方位的内陆开放型经济体系。

7. 完善知识产权服务体系

建立健全知识产权管理机制，设立统一管理各类知识产权的专门的知识产权管理机构，建立政府、企业和消费者“三位一体”的知识产权保护体系，健全知识产权联席会议制度，建立健全协调高效的知识产权工作体系和执法机制，加强知识产权保护和管理。完善职务发明维权援助机制，鼓励知识产权运用与实施。完善重大产业项目的知识产权协作审查机制，引导企业由被动应对知识产权挑战向主动运用知识产权规则转变。进一步完善知识产权法律制度，根据战略性新兴产业不同专利的特征以及快速转化的特点，合理确定专利的保护性、公开性以及保护的长度与宽度，极大化实现专利私有价值与社会公共价值，促进技术专利在更广范围低成本扩散。

8. 营造法治、诚信、和谐、便捷的社会生活环境

一是营造诚信守法的社会环境。以成都平原区8市为首，逐渐建立起全省个人、企业和管理部门全方位的信息征信系统，针对税收、水电、消费、产品质量以及侵权纠纷的失信行为，联合工商、税务、银行、法院、航空、交通等部门，实施黑名单制，真正建立诚信、守法的统一的大市场社会环境。

二是构建区域一体化的基础环境体系。政府联动，以城市为主体，以信息

化、数字化、基础设施建为重点，以重大项目为抓手，切实推进基础设施、能源供应、水资源共享以及社会保障体系、信息共享平台、产业群落、城市体系、生态环境保护的衔接和无障碍延伸，以资源互惠共享为原则，着力培育资本、技术、人才、信息、交通、水资源等一体化的资源环境系统，着力优化四川各市（州）创新创业的社会生活环境。

八、保障措施

（一）优化创新驱动产业的政策支撑体系

1. 加强科技政策、产业政策与财税政策等的协同

充分发挥财政资金的示范、引导和放大效应，积极探索有效的财政投入机制，不断提高财政资金的使用效益。要厘清并整合完善已有由省、市区财政联合设立的各种发展资金、创业投资资金、产业投资资金，以及将要建立的发展基金之间的关系。落实省、市制定的生物医药、制造产业、数字电视、软件和集成电路等产业政策，延长产业链，促进产业和行业发展，促进科技、产业与财税等政策之间的有效协同。

2. 完善促进企业创新创业的政策

完善政府采购政策，对具有国内领先的技术产品，借鉴中关村，在全省实行“首台（套）产品”政府采购制，激励本土企业自主创新。加强对种子期、初创期科技型中小企业给予支持力度，培育政府投资参与的天使投资资金。综合运用科技型中小企业创新基金、创业投资引导资金等，真正发挥政府创业投资引导资金的作用，摒弃“大水漫灌”模式，开启“滴灌”模式；向社会资本不愿参与的初创企业和长周期产业（如生物医药行业）倾斜，提高政府创业投资引导资金使用的精准性和效率性，让更多有生命力的、急需资金的行业、企业与金融资源更好地衔接，激发中小企业的创新创业活力。建立倒逼机制，提高生态环境保护水平，加大惩罚力度，提高产品的技术标准和安全标准来促进企业增强自主创新能力的意愿。

3. 加快完善落实“中关村先行先试政策”

加快在成都平原经济区制定实施细则，全面落实中关村政策在全国推广的科研项目经费管理改革政策、新三板①、股权和分红激励政策、研发费用加计

① 指非上市中小企业通过股份转让代办系统进行股权融资。

扣除、职工教育经费税前扣除等政策，进一步拓宽科研项目经费管理改革政策，允许省、市一级科研机构参照执行，适当降低起始额；尽量扩大研发费用加计扣除范围；最高比例（8%）税前扣除职工教育经费，设立省、市以及园区财政参与的股权激励与分红代持股专项基金，促进股权和分红激励等政策落地。加快在成都高新区和绵阳科技城制定实施细则，落实中关村四大先行先试税收政策①。

4. 优化科技与金融结合政策

加大科技信贷投放规模，推动多渠道债券融资。优化早中期创业投资、私募股权投资发展的政策环境，吸引更多创业投资基金和创业投资管理公司落户先导区。支持符合条件的企业在全国中小企业股份转让系统挂牌交易（新三板），加大对科技企业改制上市、再融资和并购重组的支持和服务力度。鼓励金融机构开发科技融资担保、知识产权质押等产品和服务，加快推进科技保险险种的开发、推广和应用。进一步完善成都高新区的“盈创动力”融资模式，提高其信息化、智能化、网络一体化服务水平，着力培育和打造“盈创动力”科技金融结合品牌。

5. 制定完善创新创业人才政策

加大创业人才和团队的引进、培养和使用力度。建立健全人才评价制度，完善人才在企业、高等学校、科研院所之间的双向流动机制。进一步完善扶持高层次人才创业的落户、居留、出入境、住房、子女教育、配偶就业、社会保险等方面政策。

6. 完善知识产权的创造、运用、保护和管理的相关政策

完善知识产权保护、转让和交易的政策体系，建立职务发明应用转化奖励和报酬制度，加大省内企业在境外申请专利、商标等知识产权的支持力度，完善技术作价入股、知识产权和科技成果参与分配等激励措施。

（二）提升政府的服务能力

1. 建立创新驱动产业转型升级发展领导工作小组

成立由省长主持、市（区）相关部门和单位参与的工作小组，定期不定期地研究创新驱动转型升级发展建设工作，制定具体的推进方案和工作措施，

---

① 中关村四大先行先试税收政策：给予技术人员和管理人员的股权奖励可在5年内分期缴纳个人所得税；有限合伙制创投企业投资于未上市中小高新技术企业2年以上的，可享受企业所得税优惠；对5年以上非独占许可使用权转让，参照技术转让给予所得税减免优惠；对中小高新技术企业向个人股东转增股本应缴纳的个人所得税，允许在5年内分期缴纳。

出台相关配套政策。

2. 改革政务服务评价标准

进一步明确政府职责，强化规划、研究、政策的供给、执行和监管以及环境的营造。构建以促进创新、公平、效率、低碳、和谐为重点的政府服务能力考核评价指标体系。

3. 建立依法行政，廉洁、高效的执行理念

在全省范围规范各市政府部门行为，坚决执行省、市核定的行政事业性收费"减、免、缓、停"项目，抓紧清理行政性收费，进一步规范涉企收费和行政执法监察行为，停止各类不合理的行政事业性收费，着力提高政府的信用、责任和政治担当，塑造廉洁、透明、高效的政府形象。

（三）设立创新驱动产业发展基金

建立由省、市、区三位一体甚至争取国家部委以及大企业参与形成财政与社会资本融合的创新驱动产业基金。基金重点用于创新成果扩散，创新载体或平台等基础设施建设以及人才培育、环境打造和落后地区创新能力的提升。

（四）加强经验、模式以及政策的推广和运用

要加强对好的经验和模式、政策以及理念的推广和应用。一方面要加强对先导区内好的经验、模式、政策以及做法进行推广和运用。积极向全省推广成都高新区的大孵化理念、"盈创动力"融资模式、"创客空间"等创新型孵化器模式、天府软件园的市场化营运模式以及"创业天府"模式；加强对蓉城院所"十条"新政策以及天府新区成都直管区保姆式服务政策推广。同时要积极学习借鉴和灵活运用国内外特别是中关村"1+6"新政策，深圳"4个9"模式，武汉"青桐"计划模式，江苏的"四位一体"的全面创新驱动发展模式等。

（五）建立政策评估机制，强化政策落地

1. 建立专门的政策执行评价工作机构

组建由政府及相关税务、金融等部门、企业、园区管委会和第三方中介机构参与的政策执行评价工作机构。

2. 建立相互协调的工作机制

理清各主体关系，政策评价相关主体要通力合作。政府部门主要提供相关政策清单特别是新政策，第三方机构负责政策执行日常跟踪、相关信息收集整

理，相关园区或社区的配合提供企业信息资料，税务、金融、财政等部门提供政策具体执行结果。重点对经认定的各高新技术企业、省级创新型企业、开展技术成果交易的企业按规定享受所得税减免优惠政策、技术开发费加计扣除优惠政策、知识产权（发明专利）等的奖励政策、高端人才引进政策、金融扶持政策以及大学生创业优惠政策等的落实情况进行调查评估，着力鼓励企业创新创业的政策产生实效。

3. 注重政策执行情况分析总结

建立先导区政策考核评价体系，加强对政策执行跟踪调查，查明政策落地存在的问题、难点，提出改进方法，根据政策的滞后性，采取每年一评，三年一总结的办法，为政策制定者提供修改意见，加强分类评价考核，确保政策措施落到实处、见到实效。

参考文献

[1] 胡舒立，吴敬琏，等. 新常态改变中国 [M]. 北京：民主与建设出版社，2014.

[2] 赵国栋，易欢欢，等. 大数据时代的历史机遇（产业变革与数据科学）[M]. 北京：清华大学出版社，2013.

[3] 菲利普·阿吉翁，彼得·霍依特. 内生增长理论 [M]. 陶然，倪彬华，汪柏林，等，译. 北京：北京大学出版社，2005.

[4] 迈克尔·波特. 国家竞争优势 [M]. 李明轩，邱如美，译. 北京：华夏出版社，2002.

[5] 彼得·德鲁克. 创新与企业家精神 [M]. 蔡文燕，译. 北京：机械工业出版社，2009.

[6] 沈玉芳，殷为华. 区域经济协调发展的理论与实践——以上海和长江流域地区为例 [M]. 北京：科学出版社，2009.

[7] 中国社会科学院知识产权研究中心. 中国知识产权保护体系改革研究 [M]. 北京：知识产权出版社，2008.

[8] 史忠良. 产业经济学 [M]. 北京：经济管理出版社，2005.

[9] 王文平，等. 产业集群中的知识型企业社会网络：结构演化与复杂性分析 [M]. 北京：科学出版社，2009.

[10] 阿伦·拉奥，皮埃罗·斯加鲁菲. 硅谷百年史：伟大的科技创新与创业历程（1990—2013）[M]. 闫景立，侯爱华，译. 北京：人民邮电出版社，2014.

[11] 陈喜乐. 科技资源整合与组织管理创新 [M]. 北京：科技出版社，2010.

[12] 杰弗里·M. 霍奇逊. 演化与制度：论演化经济学和经济学的演化 [M]. 任荣华，张林，洪福海，等，译. 北京：中国人民大学出版社，2007.

[13] 张景安，亨利·罗文，等. 创业精神与创新集群——硅谷的启示[M]. 上海：复旦大学出版社，2002.

[14] 侯贵松，译. 创新——哈佛商业评论精粹译丛 [M]. 北京：中国人民大学出版社，2004.

[15] C. 埃德奎斯特，L. 赫曼. 全球化、创新变迁与创新政策——以欧洲和亚洲10个国家（地区）为例 [M]. 胡志坚，王海燕，译. 北京：科学出版社，2012.

[16] 王孝斌，王学军. 创新集群的演化机理 [M]. 北京：科学出版社，2011.

[17] 艾米·R. 波蒂特，等. 共同合作——集体行为、公共资源与实践的多元方法 [M]. 路蒙佳，译. 北京：中国人民大学出版社，2001.

[18] 武春友，戴大双，苏敬勤. 技术创新扩散 [M]. 北京：化学工业出版社，1997.

[19] 李志刚，汤书昆，梁晓艳，吴灵光. 我国创新产出的空间分布特征研究——基于省际专利统计数据的空间计量分析 [J]. 科学学与科学技术管理，2006 (8).

[20] 沈能. 国内创新能力空间分布及其演进特征研究 [J]. 唐山师范学院学报，2009 (11).

[21] 魏守华，禚金吉，何嫄. 区域创新能力的空间分布与变化趋势 [J]. 科研管理 (4).

[22] 姜磊，季民河. 长三角区域创新趋同研究——基于专利指标 [J]. 科学管理研究，2011，29 (3).

[23] 李文博. 我国区域创新能力的空间分布特征、成因及其政策含义[J]. 科技管理研究，2008 (9).

[24] 陈晶，陈宁. 我国专利分布的空间特征与区域创新能力影响因素分析 [J]. 中国科技学技术大学学报，2012 (3).

[25] 罗发友. 中国创新产出的空间分布特征与成因 [J]. 湖南科技大学学报：社会科学版，2004 (11).

[26] 蔡兵，叶苏，陈勇. 地区创新能力的综合评价和聚类分析——以四川为例 [J]. 软科学，2008 (1).

[27] 孙艳，陶学禹. 管理创新与技术创新、制度创新的关系 [J]. 石家庄经济学院学报，1999 (1).

[28] 宋刚. 钱学森开放复杂巨系统理论视角下的科技创新体系——以城

市管理科技创新体系构建为例 [J]. 科学研究, 2009 (6).

[29] 金琼. 我国科技创新体系发展论 [J]. 上海经济, 2001 (5/6).

[30] 洪银兴. 关于创新驱动和创新型经济的几个重要概念 [J]. 群众, 2011 (08).

[31] 张银银, 邓玲. 创新驱动传统产业向战略性新兴产业转型升级: 机理与路径 [J]. 经济体制改革, 2013 (5).

[32] 方新. 中国科技体制改革三十年的变与不变 [J]. 现代情报, 2012 (10).

[33] 李兴江, 赵光德. 区域创新资源整合的机制设计研究 [J]. 科技管理研究, 2009 (3).

[34] 吴建南, 卢攀辉, 孟凡蓉. 地方政府对科技资源整合模式的选择与应用分析 [J]. 科学学与科学技术管理, 2006 (9).

[35] 乔冬梅, 杨舰, 李正风. 区域科技计划中的中央与地方科技资源整合 [J]. 2007 (10).

[36] 刘丹鹤, 杨舰. 区域科技投入指南与科技资源整合机制——以北京市为例 [J]. 中国科技论坛, 2007 (8).

[37] 钟荣丙. 整合科技资源, 促进地方科技发展 [J]. 技术经济, 2006 (7).

[38] 魏进平. 基于区域创新系统的经济发展阶段划分与定量——以河北省为例 [J]. 科学学与科学技术管理, 2008 (8).

[39] 刘宇濠, 曾国屏. 创新集群理论视角及中关村、张江和深圳高新区发展路径比较 [J]. 特区经济, 2012 (10).

[40] 程帅. 我国科技体制改革历程及评价 [J]. 中国集体经济, 2011, 30 (10).

[41] Cooke P., Uranga M G, Xtxebarria G Regional Innovation Systen : Institutional and Organizational dimensions [J]. Research Policy, 1997 (26).

[42] Freeman C., The E conomies of Industry Innovaiton [M]. The MIT Prees, 1982.

[43] Wijg H, The Wood M. "What Comprises Sregional Ivnnovation System?", An Empircal Study [C]. Regional Association Conference, 1995.

[44]《四川省科技厅信息手册 (2014)》。

[45]《四川省科技发展年度报告资料汇编 (2013) (2011)》。

[46] 四川省科学技术厅《资料汇编》, 2014 年 11 月。

[47]《四川省政协十一届第六次常委会会议参阅资料》。

后　记

该书是由唐琼、杨钢以及盛毅三位同志分别主持，唐琼同志主笔完成的四项四川省科技厅资助的软科学课题的集成结晶，体现了集成创新和协同创新的特点。在桂花飘香、秋实累累的收获季节出版这样一本关于四川科技资源优化促进创新与驱动产业发展的学术专著颇感欣慰！斗转星移，几易春秋，历经三年的资料收集、调研和编写出版此书实属不易，如果没有四川省科技厅软科学项目基金、成都市两院院士中心以及成都高新区科技局和四川省社会科学院等上述有关单位方面的鼎力资助、支持是难以完成的。在此衷心感谢上述有关单位给予的大力支持！

该书的主要成果是全体课题组成员集体智慧的结晶，参与编写及资料收集和修改建议人员及具体分工如下：唐琼，负责全书的组织协调、提纲审定，修改统稿并撰写了整个书稿全部章节。杨钢，对第三章和第五章提出了写作建议；蓝定香，对第二章作了部分修改和对第三章和第五章提供了资料支持；盛毅，对第二章提出了写作建议。邵平桢，撰写了第二章第三节第一点内容，由于全书写作的需要，邵平桢写的第二章的部分内容没有收录在本书中，对此表示歉意。在此对所有课题组成员的辛勤劳动和严谨的科研精神表示最诚挚的感谢和点赞！

同时，该书的研究和写作离不开大量相关的调研和资料支持。四川省科技厅政策法规处赵新、张娥等同志和成都市科学技术顾问团办公室夏梅、余丽等同志，成都高新区科技局林涛、张明以及沈俞等同志，绵阳科技城党工委周敏以及科学技术局杨功菊等同志，四川宏华集团科技管理部胡朝刚、吴寒、刘杰等同志，自贡高新技术产业园区经发局邓亿等同志，成都市科技局政策法规处黄海等同志以及天府新区成都自管区伍自美等同志，为本书的写作提供了调研条件和资料帮助。另外，在本书的写作过程中四川省有色金属科技集团冯再、昆山科信成电子有限公司王潇霄两位同志作为创新执行者，为本书提供了有益的建议、长期的资料帮助；当然还有我的导师杨锦秀对本书也作了细心指导。特别值得一提的是，本书的出版费是由四川省社会科学院杨钢副院长从课题经费中资助出版的；同时出版本书也得到了西南财经大学出版社的大力支持，汪涌波等有关编辑同志承担了十分繁重的校正、修改、规范任务。在此，向所有关心和支持本书出版的单位、专家学者和有关同志表示最衷心的感谢！

最后，我要感谢我的家人对我的理解、帮助和支持！此书的出版是牺牲了陪伴吾儿成长的黄金时间换来的，在此表示深深的歉意！

唐　琼

2015 年 10 月 9 日于蓉城江畔